散装动物学

你不知道的奇妙冷知识

王德华 著

科学画报
奇趣自然丛书

上海科学技术出版社

一些散装的、包罗万象的
冷知识

一个
广袤、神奇、妙趣横生又绚丽万千的
动物世界

自然有道，唯有敬畏

　　我的学生德华发来微信，希望我给他的科普新作《散装动物学：你不知道的奇妙冷知识》一书写一篇序。我立即拜读了作者的自序、目录及部分章节，读后感到此书妙趣横生，有些标题也格外吸引人。譬如"好好学习，天天向上"，这本是毛主席送给少年儿童的赠言，难道动物宝宝也要有"家教"？又如"保持体温不放松，管他高温与低温"，这个标题让我也想一探究竟——这说的是变温动物还是恒温动物？再如说到世界级明星动物大熊猫时，"我虽然吃素，但我不是'吃素'的"这个标题也颇令人回味。全书总共 29 篇文章，内容包含了动物的衣食住行和生存"绝招"，也包含了一些新奇有趣的前沿科学发现，几乎篇篇引人入胜，让人读后获益匪浅。

　　读完本书，我还有几点感想直抒如下：

　　第一，作者是我国动物生理生态学领域的学术带头人，承担了较繁重的研究工作和硕士、博士研究生的培养和指导任务。他在中国科学院大学讲授动物生态学课程，在山东大学讲授生态学和生理生态学等课程。2019 年，他应邀成为《科学画报》的专栏作者，每月写一篇动物生态方面的科普文章，一写就是五年多。如果没有足够的毅力，没有对自己专业的热爱，很难坚持下来，尤其是在一家颇有影响力的刊物开设专栏，交稿的时间性必须要有保证。作者竟然做到了，且坚持了五年之久，我内心对作者的实诚与厚道，充满了敬意。

第二，当前，科普作品在我国尚处于"不繁荣"的阶段，优秀的科普作品比较稀缺。活跃在科研第一线的科学家，将他们已经获得的一些科研成果的科学意义、科技价值和应用前景用浅显易懂的语言或文字讲述出来，意义重大。譬如，公众对转基因技术和转基因食品等存在许多疑惑和误解，前些日子，北京大学和首都医科大学等单位曾从事相关研究的专家许智宏、饶毅和顾红雅三位教授，对转基因技术和转基因食品等做了浅显易懂的讲解，效果甚好。这种科普不但可以化解公众对一些科学问题的误解，还能推进优良转基因品种的研发。由此可见，科普确实是一项大有可为的工作。我国正处于向科技大国、科技强国迈进的关键时期，努力做好有针对性的科普工作，提升公众的科学素养，进而推进科技快速发展显得十分迫切。

第三，诚如作者所言："动物很有趣，我们的生活离不开动物。"自然生态系统与栖息其中的野生动物存在错综复杂而又井然有序的食物链（网）关系，即不同食性的动物处于食物链（网）的不同位置。其中，在生态系统食物链（网）中处于"牵一发而动全身"位置的物种，被人们称为关键物种（keystone species）。如果人类为了经济利益，采取非科学的、只凭主观想象拍脑门做出的决策，必然会给自然生态系统带来灾难性的后果。有文献报道过一个典型案例，这个案例对我们认识自然生态系统的复杂性有着重要的启示。美国黄石国家公园由于早期管理不善，公园的生态和环境遭到了严重破坏，后来，他们把几乎被错杀殆尽的狼群重新引回公园，仅六年时间，公园的生态与环境就得到了大幅改善。这是依赖大自然的自我调节使生态系统回归平衡的一个典型案例。这也说明，人类只有尊重大自然，敬畏大自然，不瞎折腾，遵照大自然的规律，与大自然和谐相处，才能使地球村里的人类永享安宁。

总之，我对本书的出版表示由衷的祝贺！相信读者们，尤其是那些思维活跃、热爱大自然中野生动物的朋友们，一定会从中获得乐趣和灵感。

王祖望（时年九十）
中国科学院动物研究所退休研究员
2024 年于北京市朝阳区远洋天地小区寓所

动物世界，神秘有趣

　　我于 2019 年 3 月受《科学画报》孙云编辑的邀请成为该杂志的专栏作者，每月写一篇动物生态方面的文章。我自己喜欢科普，也希望能够把一些知识介绍给感兴趣的读者。这个专栏叫"奇妙动物"，不觉已写了五年。之所以能够坚持下来，还得感谢孙云和顾淼飞前后两位编辑的极度耐心和鼓励，几乎每个月她们都会耐心催促，交稿以后，她们再进行仔细修改和编辑加工。她们的敬业精神和专业素养也深深感动着我，这也是我能够坚持写下去的动力和保障。

　　我主要从事野生动物对环境的生理适应研究，也就是致力于了解野生动物在面对环境变化时是如何生存和繁殖的。例如：恒温动物在寒冷和高温环境中如何调节体温？它们在季节性环境中如何调节和维持体重？环境温度、光照周期、食物营养等生态因素如何影响动物的行为和生理特征？我撰写的专栏文章中，相当一部分也与我的这些研究工作有关。

　　这本《散装动物学：你不知道的奇妙冷知识》，就是由五年来的专栏文章汇集起来的。书中内容包含了动物的衣食住行和生存的绝招妙计，例如：动物也睡觉吗？动物在高温干旱、寒冷低温和高寒低氧环境中有哪些生存秘诀？鸟类为什么要迁徙？它们的迁徙有固定的路线吗？动物外出会迷路吗？它们如何确定方向？动物也要上课学习吗？书中也包含了一些新奇有趣的科学发现，其中不乏一些冷门的、打破我们惯有认知的新知识。例如：鱼类也能维持"恒温"？蜘蛛也能"哺乳"？动物为什么有如此丰富多彩的体色？裸鼹形鼠为什么没有痛觉？这本小册子还专门介绍了中国的一些明星动物物种，如藏羚羊、大熊猫、亚洲象、雪豹、麋鹿、长臂猿、白鳘豚、朱鹮、绿孔雀等，这些物种的很多方面都需要加强研究。学术一点说，这些内容涉及动物学的多个学科领域，如动物生态学、动物行为学、动物生理学、动物分类学、动物地理学，等等。

我喜欢读书，喜欢了解学术界的新发现。通过写作和查阅资料，我也学习到了许多新的知识，拓展了兴趣，我还把有些内容在课堂上讲给大学生和研究生听。我在中国科学院大学讲授动物生态学课程，在山东大学讲授生态学和生理生态学等课程，在与大学生和研究生的交流中，感觉到科普对成年人也是很重要的。学术领域隔行如隔山，有了宽广的知识面，才能开阔思维，才有学科交叉，才有好的教学效果，才有高质量和原创性的工作。我多次给中小学生做科普报告，发现他们也很喜欢动物知识。每次报告后小朋友提出的问题都很多，我也注意到他们从不同渠道获得的动物学知识有些是不正确的。所以，科普对非专业人员和专业人员都是很重要的。

我于2008年受邀在科学网上写博客，也写一些科普文章，尤其是基于我们自己的科研成果写一些科普文章。我在《大自然》杂志等平台也发表过一些科普文章。科普，是一个值得思考和重视的话题。我自己也经常思考：我们要科普什么？科普是单单宣传科学知识吗？我个人认为，向大众普及正确的科学知识是必要的，但同时也需要告诉读者（听众）这些科学知识是怎么获得的，要让读者（听众）体会什么是科学，并且领会科学精神、了解科学方法、培养科学思维、提高科学兴趣，让读者（听众）对大自然有探索精神和求知欲望。科普工作也需要让大众了解科学的局限性和人类认知的局限性。

动物很有趣，我们的生活离不开动物。野生动物在应对大自然环境变化时的生存策略，对人类的生存也有很多启发。如果这本小册子能激发青少年朋友对科学研究的兴趣，激发创新性思维和创造能力，促使他们对大自然中种种问题展开思考，葆有探索动物世界和大自然奥秘的好奇心，那就是很欣慰的事情了。

需要说明的是，本书的内容大多取材自科学家在学术期刊上发表的学术论文，在此特别表示感谢。如果书中有表述不到位或错误的地方，是我对相关研究的科学内涵没有理解透，与原论文的作者无关。

最后特别感谢顾淼飞编辑的辛勤劳动和专业素养，她重新编辑了文字，创作了新的图片，为本书大增光彩，正是她的才华和辛苦才使得我零散的文章成为一本书。

希望读者朋友们喜欢。

王德华

2024 年于青岛

目录

动物界的奇闻轶事

追另类"明星"——中国明星物种

衣食住行，
日常百态

动物的生活既平淡又有趣。"吃饭睡觉打豆豆"，春去秋来旅个行，这就是它们日常生活的全部吗？是，也不全是……

动物的日常生活里，
藏着好多奇妙又有趣的冷知识。

睡眠

帽带企鹅的睡眠方式是"碎片化"的——每次睡眠时间仅有 4 秒左右，每天睡眠次数超过 1 万次。

冬眠

黑熊在冬眠期间不进食、不饮水、不排尿、不排便，却能抚育后代。

冬眠

动物冬眠一定是因为冷吗？不一定，热带地区也有冬眠的物种，例如生活在马达加斯加的肥尾鼠狐猴。

争斗

曾经在争斗中频频获胜的小鼠，在未来争斗中也大概率能保持全胜。但这种局面更多地依赖于主场优势——在自己的领地内，情况确实如此；如果处在陌生地域，能不能继续获胜就不好说了。

迁徙

画眉鸟在迁徙之前会密切关注风向，刮东北风的时候会立马启程，如果风向不对，就再等等。

印记学习

小鹅会把出壳后看到的第一个移动的物体当作妈妈，然后一直跟着走，不管这个物体是真正的鹅妈妈，还是一个人，甚至只是一个移动的纸盒子。

动物

睡觉吗？

　　我们每天都需要睡眠，睡眠占了我们一生近1/3的时间，可见睡眠对人类的生存是至关重要的。那么，动物需要睡眠吗？

　　睡眠是由于大脑功能活动而引起生理性活动降低，在给予适当刺激后可使机体完全苏醒的一种状态。睡眠是机体对周围环境失去知觉和反应的一种可逆性行为，是一个复杂的生理和行为过程。通常，机体在睡眠时的行为表现是躺卧、静止和闭眼等。

　　在对人类睡眠的研究中，睡眠时的生理活动被分为快速眼动睡眠和非快速眼动睡眠两种。快速眼动睡眠时，大脑出现间歇性的活动状态，脑电图表现为去同步化的快波；而非快速眼动睡眠时，大脑处于极度不活跃（休息）状态，脑电图表现为同步化的慢波。

　　由于动物还具有冬眠和休眠等行为，因而判断动物睡眠的标准除了上述生理活动外，还有两个条件，一是动物可以迅速转入清醒状态，二是脑电图发生特征性改变。

　　一些学者认为，睡眠是动物维持生命不可缺少的一种本能行为，所有动物都具有睡眠行为。遗憾的是，目前学术界只对少数的动物物种进行了睡眠行为研究，而其中有些动物物种的"睡眠"并不符合睡眠定义的特征。

　　比如，在针对蜜蜂、蟑螂和果蝇的研究中，科学家确实发现

散装动物学：
你不知道的奇妙冷知识

了一些符合睡眠定义的行为学特征，如反应迟钝等，但并没有发现快速眼动睡眠的确切证据。在针对鱼类的研究中，科学家发现了类似睡眠的行为表现，但生活在珊瑚礁水域的硬骨鱼类白天和晚上都在连续活动（被称为"睡眠游泳"），似乎没有睡眠。

再如，在两栖类动物中，夜行性的牛蛙在静止时的敏感性比活动时的敏感性还高，被认为是没有睡眠的物种。鸟类具有类似哺乳动物的快速眼动睡眠和非快速眼动睡眠，但快速眼动睡眠的时间较短。

目前，关于动物睡眠的信息大多来自科学家对哺乳动物的研究。哺乳动物的睡眠时间因物种而异，一般为 4～19 小时，其中，快速眼动睡眠时间占总睡眠时间的 10%～50%。不过，大多数动物的睡眠属于间断性睡眠，也就是睡眠期间会有觉醒。

动物的睡眠姿势各不相同。食草动物因担心天敌袭击，睡眠时也要保持警觉，故通常选择站立等能够随时进入战斗状态的姿势，且睡眠时间较短。食肉动物较少被其他物种袭击，所以会保持舒适放松的姿势安心睡大觉。

大象、马和长颈鹿等站立睡眠，蝙蝠头朝下倒挂着睡眠，海獭可仰卧在水面漂浮物上睡眠，猫头鹰睡眠时可以睁一只眼、闭一只眼。更有意思的是，海豚等鲸类动物可以一边游泳，一边睡眠。鲸类动物的睡眠方式是单半球睡眠，即大脑两个半球交替进入睡眠状态。

关于动物睡眠的功能，学术界有不同的解释。一种观点认为，睡眠是为了帮助动物恢复觉醒活动时消耗的体力和脑力。另一种观点认为，睡眠是动物强制性的一种休息行为。因为有证据表明，大鼠如果被剥夺了睡眠就会死亡。

● 动物睡眠
　众生相

长颈鹿站立睡眠（左上），海獭仰卧在水面漂浮物上睡眠（右上），猫头鹰睡眠时睁一只眼、闭一只眼（左下），树袋熊每天睡眠 18～23 小时（右下）。

散装动物学：
你不知道的奇妙冷知识

比较折中的观点认为，动物睡眠的功能因物种而异。对一些物种而言，长时的睡眠是为了节省能量。比如，澳大利亚树袋熊每天的睡眠时间长达 18 ～ 23 小时，因为它们主要以取食营养价值较低的桉树叶为生，为了维持生命活动的需要，只能靠增加睡眠时间来减少能量消耗。对另一些物种而言，短时的睡眠是为了保护自己避免被其他物种捕食。

有时候，一些动物不得不牺牲睡眠时间，为其他事务"让路"。例如，照看后代的帽带企鹅会采取一种独特的睡眠方式——"微睡眠"，以此兼顾睡眠和带娃。在 2023 年 11 月的一项研究中，科学家给自由活动和在巢中养育雏鸟的企鹅植入记录大脑和肌肉电活动的电极，并通过远程装置收集电信号；同时，企鹅的位置和环境等信息也被收集。通过这些数据信息，科学家可以分析企鹅的睡眠周期，例如，如果脑电图中慢波活动出现了短暂增加，就可以判断企鹅进入了微睡眠状态。结果显示，当企鹅承担照看卵或雏鸟任务的时候，它们基本上没有长时间的睡眠阶段，每次睡眠平均持续时间仅有 4 秒，并且睡眠发生的时间也不固定。更令人惊奇的是，帽带企鹅每天的微睡眠次数超过 1 万次，时间累积起来竟超过 11 小时。这种持续的睡眠碎片化现象从未在其他动物物种中观察到。

帽带企鹅经常暴露在天敌和其他企鹅的威胁中，为了保护卵和雏鸟，它们需要时刻警惕天敌和其他企鹅的侵袭，所以不能有长时间的睡眠。传统观点认为，只有长时间的稳定睡眠才能恢复体力，而帽带企鹅的微睡眠方式表明，多次短时间睡眠在功能上也许等同于一次长时间睡眠。

如此看来，人们对动物睡眠的认识还很有限，还需要在更多动物类群、更多物种中开展研究，才能获得更全面的信息。

● **帽带企鹅的
"微睡眠"**

帽带企鹅在带娃时期采取"积少成多"的碎片化睡眠方式,它们每次睡眠平均持续 4 秒,每天的微睡眠次数超过 1 万次,这种睡眠方式称为微睡眠。

冬日梦，

白日梦

　　在温带地区，环境温度和食物资源具有明显的季节性变化。在寒冷的冬季，鸟类和哺乳动物等恒温动物需要维持恒定的体温，同时还面临着食物短缺等严峻的生存挑战。有些动物如刺猬、旱獭等，为了应对严酷的自然环境，需要减少能量消耗。此时，它们会放松对身体恒温的调控，而将体温、代谢速率、心率等都降至较低的生理水平，并进入一种长达几个月的昏睡状态，这就是冬眠。

　　动物界还存在另一种极具迷惑性的"睡眠"行为，称为日蛰眠。蝙蝠、蜂鸟等动物在各个季节都会由于能量不足而进入暂时的昏睡状态，这种现象就叫日蛰眠。日蛰眠与冬眠相似又不同，不同的是日蛰眠的时间较短，一般短于 24 小时，而且动物在日蛰眠时，体温和代谢率降低的幅度较小。比如：冬眠时动物的最低体温一般为 $-2.9 \sim 16℃$，平均最低体温为 $5.8℃$，平均代谢率降至基础代谢率的 5%；日蛰眠时动物的最低体温一般为 $10 \sim 30℃$，平均最低体温为 $17.4℃$，平均代谢率降为基础代谢率的 30%。

　　让我们用数据说话，看看冬眠有多普遍。据统计，哺乳动物现存的 20 个目中，9 个目中有冬眠的物种，8 个目中有日蛰眠的物种，在翼手目、啮齿目、食虫目、有袋目和灵长目中既有冬眠的物种，也有日蛰眠的物种。

一般而言，具有冬眠或日蛰眠习性的物种，体形都较小。但对于中小体形的兔形目动物，目前科学家还没有发现其中有具有冬眠或日蛰眠习性的物种。

啮齿目是哺乳动物中物种种类最多的类群。据统计，啮齿目中具有冬眠和日蛰眠习性的物种共有 126 种，其中约 3/4 的物种具有冬眠习性，约 1/4 的物种具有日蛰眠习性，仅 7 种既具有冬眠习性，也具有日蛰眠习性。

动物在冬眠期间是要消耗能量的。有些物种在冬眠前会变得很胖，在体内贮存大量的脂肪，以供冬眠期间利用，而在冬眠期间一般不再取食。这类动物有旱獭、黄鼠、草原犬鼠、跳鼠、睡鼠、刺猬等。有些物种在冬眠期间会醒来摄食，并从食物中获得能量。这些动物在冬眠前会贮存一些不易腐烂的植物种子和坚果，以供冬眠期间食用，这类动物有花鼠、仓鼠等。

日蛰眠的动物（如蝙蝠、小毛足鼠等）会在清醒的时间里活动和取食。因此，它们一般不会在体内贮存较多脂肪，也没有提前贮存食物的行为。

大型食肉动物熊类的冬眠比较独特。黑熊等熊类在冬眠时，不进食、不饮水、不排尿、不排便，体温降低到 32～33℃，受到干扰后可随时醒来。更有趣的是，熊类在冬眠期间还能抚育后代。有些学者认为，这是食肉动物的冬睡现象，不是真正的冬眠。

冬眠动物多分布在环境变化剧烈的温带地区，不过热带地区也有冬眠的物种，比如生活在马达加斯加的灵长类动物肥尾鼠狐猴。

肥尾鼠狐猴在树洞中冬眠，树洞的保温性能对它们冬眠时的体温和代谢率有重要影响。如果树洞的保温性差，树洞内的气温就随外部气温的变化而剧烈变化，肥尾鼠狐猴的体温也会随树洞内气温的变化而剧烈波动，一般为 $10.6 \sim 35.5℃$，代谢率也变化较大。如果树洞的保温性好，树洞内的气温变化幅度小，肥尾鼠狐猴的体温就只在 $25℃$ 上下波动，最高体温不会超过 $30℃$。冬眠的肥尾鼠狐猴每隔 $5 \sim 15$ 天会有规律地觉醒，觉醒时体温恢复到 $36℃$ 左右。

冬眠或日蛰眠的现象在哺乳动物中广泛存在，但很多科学问题还没有找到答案。人类对冬眠动物的行为和生理特征的深入研究，可推动心脏缺氧、肌肉萎缩等医学问题的解决和低温医学等相关领域的进一步发展。

● **动物的冬眠**　　　刺猬等动物在冬季为了应对严酷的自然环境，会放松对身体恒温的调控，进入长达几个月的冬眠状态。

　散装动物学：
你不知道的奇妙冷知识

打架，

得讲究

主场优势

　　在动物社会里，等级高的个体往往在食物资源和配偶资源等方面都处于优势地位。科学家发现，在具有攻击性的社会行为交往中，有过获胜经历的个体在未来的个体间冲突或争斗中再次获胜的概率更大。这就是胜利者效应。

　　有学者认为，胜利者效应是动物内在的一种本能现象，由动物获胜后的身体内部变化（包括对自我争斗能力的感觉变化）所致。胜利者效应还表现出一种"主场优势"。有研究发现：在动物自己的领地内，多次获胜经历的积累会使得动物在未来争斗中也获得全胜；但如果处在陌生地域，动物能不能继续获得全胜就不好说了——很多个体在争斗中的获胜概率会降低。

　　类固醇类激素（如雄性激素睾酮和雌性激素孕酮等）对胜利者效应有调节作用。有研究发现，动物在发生冲突或争斗后，体内的睾酮水平会增加。科学家在对加州白足鼠和亲缘关系与之很近的白足鼠的研究中发现，动物熟悉的住所对其在争斗过程中的获胜概率具有重要影响。

　　加州白足鼠领域性强，白足鼠领域性弱。加州白足鼠在陌生区域内的获胜经历，并不会使它们在未来争斗中也能获胜。陌生地域内的争斗，也不会导致它们的睾酮水平升高。因此科学家认为，环境因素，尤其是长期居住环境，可以通过影响动物争斗后的睾酮激素的水平，进而影响胜利者效应的形成。与加州白足鼠相比，白足鼠即使有过获胜的经历，在熟悉的环境中也不能获胜，争斗后睾酮水平也不增加。这表明即使是亲缘关系很近的物种，其行为和生理特征也不相同，这与动物的领地意识等社会生物学特征相关。

　　我国科学家利用小鼠对胜利者效应的神经机理进行了更深入的研究。他们设计了"钻管实验"：在特殊设计的玻璃管道中，从两个方向各放入一只小鼠，两只小鼠在管道内相逢后，会进行一场不进则退的较量，而优势者一般会在30秒内就将对方推出管道。研究人员通过这种方式确定了动物的等级高低，等级高的为优势鼠，等级低的为从属鼠。

　　研究发现，调节动物社会竞争的神经基础位于大脑内侧前额叶的脑区内。有意思的是，如果人为地定向增加小鼠大脑内侧前额叶脑区的突触强度，原本处于劣势的小鼠就变得很勇猛，会成功地将优势鼠逼出玻璃管道。小鼠之间的等级地位越悬殊，逆袭获胜的小鼠所需要的神经定向刺激强度就越高。更有趣的是，当从属鼠成功逆袭6次或更多次时，不需要任何外在的人为帮助，小鼠依然能获胜；但成功经历如果不足6次，逆袭获胜的小鼠就会回到劣势地位。

　　科学家进一步发现：从中缝背侧丘脑投射到前额叶皮层，有一条神经通路；如果增大这一环路突触连接的强度，就能介导胜利者效应。动物的获胜经历会重塑这一通路的突触连接强度，进而影响其在后续竞争中的表现。劣势小鼠在胜利6次之后，其大脑发生了"质变"，它们的神经突触连接强度显著增大了，可以

　散装动物学：
　你不知道的奇妙冷知识

有效地帮小鼠"晋级"并维持在更高的等级地位。

　　研究者还设计了"热源地盘争夺实验",即在一个冰冷的方形盒子中,让4只小鼠竞争位于盒子角落的温暖区域。结果发现,在钻管实验中具有多次获胜经历的小鼠,在热源地盘的竞争中也更容易获胜。这一实验结果说明,胜利者效应可以从一种行为迁移到另一种行为中。

　　对胜利者效应神经机理的研究,除了能加深人们对动物社会等级的理解以外,还有助于人们更好地理解人类的学习和工作等行为,对抑郁症等疾病的治疗也很有启发性。

- **小鼠的
"钻管实验"**　　两只小鼠分别从玻璃管道的两个方向被放入，并在管内进行不进则退的较量，从而决出胜负。通过对小鼠脑区的人为调节，研究人员可以改变小鼠原本的"优劣等级"，这一实验揭示了胜利者效应的神经机理。

　　散装动物学：
　　你不知道的奇妙冷知识

　　我国北方的燕子在秋冬季节天气变冷时就飞向南方，待春暖花开时又飞回来。藏羚羊主要分布于以羌塘为中心的青藏高原地区，在繁殖季节要千里迢迢奔往一个叫卓乃湖的地方。有些种类的鲸在热带海域繁殖，然后回到极地附近的海域去寻找食物。蝴蝶、蝗虫等昆虫，以及鱼类、两栖类和爬行类等也具有相似的行为。动物的这些行为就是迁徙。

　　动物迁徙的距离有长有短。温带地区的蝙蝠每年秋季会从夏季生活的地方迁徙到越冬区，并选择在温度合适的洞穴内栖息。有的蝙蝠只迁徙几百千米，如鼠耳蝠夏季的栖息地和冬季的越冬地相距约 320 千米；有的蝙蝠则需要迁徙近千千米，如欧洲山蝠。

　　迁徙的鸟类是候鸟，候鸟迁徙有短途、中途和长途等不同类型。鸟类中的游隼是世界上飞行速度最快的迁徙动物之一。科学家在北极圈自西向东地选择了几处游隼主要繁殖地，给生活在其中的 56 只游隼戴上了先进的卫星追踪系统。他们通过卫星追踪发现，这些游隼主要使用 5 条迁徙路线，且不同游隼种群的迁徙距离长短很不相同。比如，西部短距离迁徙的游隼的平均迁徙距离为 3 600 千米，而东部长距离迁徙的游隼的平均迁徙距离为 6 400 千米。此外，科学家利用基因组学技术，通过对长距离迁徙和短距离迁徙游隼种群的基因组特征进行比较，发现两种迁徙类型的主要基因型存在功能差异，其中有一个基因与记忆能力相关，这说明具有长时间的记忆能力可能是一些鸟类能够长距离迁徙的重要基础。

动物的迁徙类型有往返式的迁徙，即动物有规律地在两个固定地点之间进行往返迁徙；有四处游牧式的迁徙，如企鹅可以长时间不进食，到离家 400 千米以外的地方去寻找食物；还有在领地内的迁徙，以及入侵式的迁徙，等等。

影响动物迁徙的因素很多。其中，天气是影响画眉鸟等鸟类迁徙的重要因素。在迁徙前，它们会密切关注风向变化。东北风是合适的迁徙风向，一旦风向合适，它们就启动迁徙计划；如果风向不合适，它们就会继续等待时机。

全球气候变暖是当今社会各界都关注的一个重要问题。全球气候变暖可以改变一些鸟类的迁徙行为，如欧洲的林莺就可以在短时间内随环境条件的变化而改变迁徙习性。在温带地区，随着冬季气候逐渐变暖，很多候鸟将成为留鸟而不再迁徙。这种现象会导致当地生态系统的结构和功能发生改变，时间长了就会影响生态平衡，这是一个严重的生态问题。

那么，动物迁徙时如何确定目的地并定位方向呢？这个问题的答案目前还不是很清楚。科学家普遍认为，至少对候鸟来说，它们在迁徙途中确定目的地的方向时，主要是利用地球磁场来导航的。

早在 19 世纪，就有学者认为鸟类的定向能力与其对地磁场信息的获得是有联系的，因此提出了鸟类可以利用地磁场进行导航的观点。候鸟在夏季栖息地和越冬地之间能够进行准确迁徙，

● 鸽子与
　"磁罗盘"

鸽子等鸟类可以感知地磁场信息，就好像身体里内置了一个"磁罗盘"。

鸽子无论飞出多么远都可以找到回家的路，都是因为它们充分利用了地磁场提供的重要信息。

新西兰科学家曾利用全球定位系统跟踪装置监测了鸽子的归巢导航行为。当被测试的鸽子在地磁场异常的区域被放飞时，它们会迷失方向；而当鸽子飞出地磁场异常的区域时，就又找回了归巢的方向。研究者据此认为，鸽子可以利用不同的磁场强度及不同的磁场倾角来确定自己所在的位置，也就是说，地磁场为鸟类提供了地图信息。许多行为学实验已经表明，地磁场信息在鸟类迁徙或归巢过程中发挥着重要作用。也有研究显示，夜间迁徙的鸟类在其迁徙过程中主要也是依靠地磁场来导航的。

实际上，利用地磁场进行导航的能力并非鸟类所独有。许多动物在定位和迁徙的时候都需要借助方向信息（罗盘定向）和位置信息（地图定位），相应地，也就需要"磁罗盘"和"磁地图"。磁力线的方向或者磁场倾角可以为动物指示方向，是动物定向的"磁罗盘"。梯度变化的磁场强度可以反映精细的地表位置，是动物定位的"磁地图"。

关于动物利用地磁场导航的研究中，针对哺乳动物的研究要比针对鸟类的研究少得多。目前已有证据表明，哺乳动物中的隐鼠、鼹形鼠、大棕蝠、大鼠耳蝠、中华山蝠、黑线毛足鼠、欧鼹等，具有一定的地磁场感知能力。

在对大棕蝠利用地磁场进行回巢定向的研究中，科学家将大棕蝠从其栖息地运至栖息地以北 20 千米的地方，并将它们分 3 组进行放飞归巢实验：第一组不做任何处理，第二组暴露在地磁极 N 顺时针旋转 90° 的磁场中，第三组暴露在地磁极 N 逆时针旋转 90° 的磁场中。科学家通过无线电追踪技术发现，第一组大棕蝠能正确朝着栖息地的方向飞去，而第二组则飞向放飞位点的正东方，第三组飞向放飞位点的正西方。利用强磁脉冲对大棕蝠进行处理后，它们的磁定向能力受到了严重干扰。科学家推测，大棕蝠体内可能存在磁铁矿纳米颗粒，它们依靠磁铁矿纳米颗粒进行定位。

2020 年 6 月的一项研究表明，狗也会利用"磁罗盘"感知地磁场并进行导航。研究者曾在狗身上发现了一个有趣的现象：狗在排尿或排便时，喜欢将自己身体的方向由北向南调整。其实，狗的这种行为与标记和识别领地有关，它们用这种调整身体方向的方式找到自己相对于其他地点的方位。

在实验中，研究者给狗戴上了装有地理信息系统的追踪器，将狗带到森林里，然后追踪狗在其后奔跑和返回主人身边的活动路线。他们发现，一些狗会根据来时的路线返回（此时主要用鼻子追踪气味），另一些狗则沿着一条新的路线返回。有趣的是，沿着新路线返回的狗有一个奇怪的行为——先沿着南北轴线跑大约 20 米，然后才开始返回。研究者认为，狗沿着南北轴线奔跑是为了弄清自己的方位。这说明狗能记住它们之前的航向，并可以根据"磁罗盘"来确定回家的捷径。这是研究者第一次在狗身上发现"磁罗盘"。

动物行为学研究已表明，许多鸟类、爬行类、两栖类和哺乳动物都具有利用地磁场进行导航的能力。但是，动物感知地磁场的磁感受器、对地磁场信息的感知机制和信号传递等很多方面，还需要人们进行进一步研究。

好好学习，

天天向上

　　动物也免不了要学习。不过，有的动物生下来就具有学习行为，或许学习对它们来说并不是一件苦差事。

　　诺贝尔奖获得者、奥地利动物行为学家康拉德·洛伦茨曾做过一个实验。他把母鹅正在孵化的蛋取走一半，将其放入孵化箱进行孵化，另一半继续由母鹅孵化。等孵化箱的小鹅孵出后，洛伦茨就在小鹅面前模仿母鹅的叫声，结果小鹅把洛伦茨当成了妈妈，他走到哪里，小鹅就跟到哪里。洛伦茨把两组小鹅混合在一起，放入同一个房间。当洛伦茨与母鹅一起进入房间时，母鹅孵化出的小鹅会跑到母鹅的身边，而孵化箱孵出的小鹅会跑到洛伦茨身边。小鹅这种把出壳后看到的第一个移动的物体当作自己妈妈的行为，就是动物的印记学习行为。

　　很多早成性动物的幼崽在出生或孵化后，能很快四处走动并随机选择跟随一个移动的物体走动。刚刚孵化出的绿头鸭在与母鸭隔离的情况下，可能会跟着一个模型鸭走动，也可能会跟着一个缓慢步行的人走动，甚至有可能跟着一个移动的纸盒子走动。

　　动物的印记学习行为是一种后天学习行为，学习后果是由直接印象造成的，这是动物的一种特殊学习方式。动物只需要一次或较少的几次经验即可形成印记，一旦形成就不易消除，将会影响动物的一生。

动物的印记学习行为发生在动物生活的早期阶段，且存在一个明显的学习敏感期。绿头鸭在刚孵出 10 ~ 15 小时内最容易形成对一个移动物体的依附性，2 个月后这种依附性逐渐减弱。雏鸡孵出后第三天就不再有类似的跟随反应。如果刚出生的动物不能在这个敏感期内学习，可能就无法获得印记学习的机会。

雏鸡的印记学习包括嗅觉印记学习、视觉印记学习、听觉印记学习等。刚孵出的雏鸡在未接触母鸡声音时，如果给它以某种声音刺激，雏鸡便会对这种声音产生记忆。当再次听到这种声音时，雏鸡就会像寻找母亲一样向着声音发出的位置移动。雏鸡的印记效应一般在孵化后 48 小时内就可以形成。

科学家曾研究过母鸡的 5 种声音对新生雏鸡的学习记忆的影响，这 5 种声音分别是食物叫声、追随叫声、栖息叫声、捕食者叫声、惊吓叫声，它们均与行为相关，但具有不同特性。其中，食物叫声、追随叫声、栖息叫声属于母鸡发出的吸引叫声，而捕食者叫声、惊吓叫声属于警告叫声。研究发现，食物叫声、追随叫声增强了雏鸡的记忆能力，而捕食者叫声、惊吓叫声则降低了雏鸡的记忆能力。

动物的印记学习行为除了对亲子关系有重要影响之外，还可能对成年动物的社会关系有明显的影响，也会影响动物的食物选择和栖息地选择等其他行为。很多哺乳动物的早期经历可影响其后来的社会行为。例如，狗的学习敏感期是出生后的 3 ~ 10 星期，在此期间通过接触就会建立起正常的社会关系。但是，如果小狗出生后被隔离饲养 14 星期以上，其后来的社会行为就会变得不正常。

小狗和雏鸟如果在它们的学习敏感期内与人类有过短时间的

印记学习是指发生在动物生活的早期阶段、由直接印象形成的学习行为。小鹅把出壳后看到的第一个移动物体当作自己妈妈的行为，就是一种典型的印记学习行为。

接触，就会与人类建立持久的社会关系。

　　动物的学习行为是一个很有趣的话题。由动物的学习行为还可以衍生出其他值得探讨的问题——比如，动物有文化吗？

　　至于动物到底有没有文化，要看怎么定义"文化"。如果按照社会学家的定义，认为文化是"社会传播的行为模式、艺术、信仰、制度和其他所有人类劳动和思想产物的总和"或"人类在社会实践过程中所获得的物质、精神的生产能力和创造的物质、精神财富的总和"，那么动物似乎是没有文化的。不过，也有学者提出了广义的文化，将"有文化"和"会学习"关联了起来，从这个角度来说，动物具有社会学习行为，也就具有文化现象。

　　这一观点认为，广义的文化是能够通过社会学习而一代一代传播下去的一种创新。具体来说，一种文化的出现和传承通常需要两方面的能力：一是行为创新，即面对新的环境出现的新的行为模式；二是社会学习，即通过观察其他个体或与其他个体互动所进行的学习。所以，创新是文化行为的来源，社会学习是行为传递的途径。

　　动物的有些行为是由基因决定的，如鸟类营造精美复杂的巢、鱼类洄游、狼群联合捕猎、鼠类挖洞等。基因与环境因素的相互作用塑造了动物的行为表现。然而，由基因决定的行为和受环境因素影响的行为，都不能归为文化现象。

　　动物社群的个体之间通过后天学习和代代相传，将有利于物种生存与繁衍的知识传播下去，这属于动物文化。动物文化是指群体中新行为的社会化传播，且个体依靠观察和模仿就可以掌握这种新行为。

　　最著名的例子是日本猕猴清洗食物的行为。1953年，日本

散装动物学：
你不知道的奇妙冷知识

学者报道了日本猕猴在河边洗红薯的观察报告。一只一岁半左右的雌猴有一天拿着人工饲喂的、沾满泥和沙的红薯放到河里，洗干净后再食用。这是一种新行为。随后，这只小雌猴的伙伴也相继学会了洗红薯的方法。

多年后，这群猕猴中的多数个体都学会了将红薯清洗后再食用的方法。有意思的是，动物的学习行为一般是年幼者向年长者学习，而日本猕猴洗红薯的行为则恰恰相反，是年长者向年幼者学习。

1956 年，这只雌猴有了另一种新行为——在水中洗麦子。通常，猴子在取食投放在地上的麦粒时，都是用手一颗一颗地拾起来吃。这只雌猴则把混有沙子的麦粒放在水里，待沙子沉底后，麦粒浮在水面，这样就很容易把麦粒和沙子分开了。这一新行为也逐渐在猴群中扩散开来。

大多数猴子都怕水，而日本长野某地的一群猴子很喜欢泡温泉。据报道，1965 年冬季，一只两岁左右的猴子最先跳到温泉里泡澡取暖。很快，泡温泉取暖这一新行为在当地的猴群中扩散，并一代一代地传承了下来。

鲸类也有社会学习行为。鲸在捕食时常用的"伎俩"是向鱼群吹气泡，使鱼群受到惊吓后聚集到一起，这样鲸就能取食大量的鱼。1981 年，科学家在缅因湾首次发现鲸的一种新行为——一只座头鲸用尾鳍拍打水面，以使鱼群受到惊吓而聚集，从而取食鱼类。后来，很多鲸都慢慢学会了这种新技巧。

这些动物通过社会学习而获得新行为或习得新技巧的现象符合广义的文化定义。不同地区的动物群体所拥有的行为表现不尽相同，具有自己特定的行为集合，并且这些行为能够在个体间、群体间和代际间传递。所以，动物是有文化的。

● 日本猕猴
　清洗红薯

在日本的一个猕猴群体中，当一只雌猴率先学会了用河水将红薯清洗干净再食用之后，它的小伙伴纷纷有样学样，也将红薯清洗后再食用。

散装动物学：
你不知道的奇妙冷知识

一些"不正经"的生存技能

如果动物们在玩一场"荒野求生"的游戏，遭遇酷暑、严寒、干旱等极端条件的考验，它们会施展出哪些"独门绝技"，让自己顺利生存下去呢？

动物的生存绝技，充满了智慧、"狠活"
——还有冷知识！

调节体温 ——

一些恒温动物也有体温变化较大的时候。蜂鸟在白天和夜晚的体温相差近20℃，印度的蟒蛇在孵卵时会由于身体痉挛性收缩而产生热量，使体温比环境温度高出7℃左右。

调节体温 ——

有的动物体内具有逆流热交换的机制，用来实现温热的动脉血和冷冰冰的静脉血之间的热交换。这个原理就跟北方家家户户都有的暖气片一样一样的。

御寒 ——

高原鼠兔在冬季会取食牦牛的粪便，这是它们的越冬措施之一。

应对干旱

更格卢鼠生活在美国沙漠地带，超级干旱的环境把它们逼成了"超级节水能手"——它们可以通过产生高度浓缩的尿液来减少水分散失。

应对黑暗

洞穴鱼常年生活在黑暗环境中（至少是弱光环境），但你以为它们会历练出敏锐的眼力吗? 不，恰恰因为啥也看不见，它们的视力严重退化。

展示体色

很多动物都拥有缤纷的体色，不过，如果哪只动物把体内所有色素都用来展示漂亮的体色，那么它可能是个"病秧子"，因为产生体色的主要色素黑色素和类胡萝卜素，恰恰也是组成免疫系统的重要成分。

保持体温不放松，

管他高温与低温

　　动物有变温动物和恒温动物之分，这是根据它们的体温调节能力划分的。变温动物是指体温在一定温度范围内随环境温度的变化而变化的动物，如鱼类、两栖类、爬行类及无脊椎动物等。恒温动物的体温则不随环境温度变化而变化，自身有能力在相对较大的环境温度范围内将体温维持在一个相对恒定范围内（一般在35～42℃），鸟类和包括人类在内的哺乳动物通常是恒温动物。也有一些动物在冬眠时体温会急剧下降，被称为异温动物，如黄鼠、刺猬等。

　　许多动物都在0～35℃环境温度范围内进行活动。维持正常的体温是动物进行新陈代谢和生命活动的必要条件。

　　变温动物用于调节体温的热量会受到环境温度的控制，环境温度高，动物的代谢率就高，反之则反。变温动物调节体温的方式比较简单粗暴，它们大多采用行为调节的方法——如果环境温度高，就转移到阴凉低温处；如果环境温度低，就移动至温暖的地带。面对寒冷环境时，动物就钻入洞穴冬眠。

　　恒温动物调节体温的方式则相对"高级"一些，它们用于体温调节的热量主要由自身内部器官产生。恒定体温的维持取决于动物身体产生热量与热量从身体散失到环境中这两个过程的平衡。

具体而言，恒温动物的体内热量主要通过身体内部的肝脏、大脑、肌肉等器官或组织的代谢活动产生，包括基础代谢产热、骨骼肌收缩的颤抖性产热、褐色脂肪组织的非颤抖性产热等。恒温动物的散热方式有多种，比如改变皮肤的血流量，改变皮肤与环境之间的温差，以及在寒冷的冬季通过增加身体的脂肪层和皮毛的厚度、密度来减少身体热量散失，等等。

不过，"恒温"与"变温"之分不是绝对的，一些恒温动物也有体温变化较大的时候。比如，黄鼠在冬眠时，体温可以从37℃降到5℃。北美洲的蜂鸟由于体形小、代谢速率高，到了晚上不能取食时，体温会由40℃降至21℃。蝙蝠在飞行时，代谢速率会提高，此时体温会从35～39℃急剧升高至41～42℃。相应地，一些变温动物也具有局部恒温的能力。比如，鲨鱼和金枪鱼在快速游泳时可使肌肉、肝脏等组织和器官的温度比水温高出12℃左右。印度的蟒蛇在孵卵时会由于身体痉挛性收缩而产生热量，此时体温可比环境温度高7℃左右。蜜蜂在飞行的时候，由于上下扇动翅膀使得身体产热，局部体温也高于环境温度。

由于水生环境相对稳定，大多数鱼类的体温与水温相近。比如，生活在海洋深水区的鱼类体温为4～6℃，生活在海洋浅水区的鱼类体温为5～10℃。爬行类动物的典型代表沙漠鬣蜥，正常活动时的体温为36～41℃。

大多数哺乳动物的体温维持在37℃左右。哺乳动物中，像鸭嘴兽和针鼹这样的相对原始的物种，其体温一般为30～31℃，大多数小型啮齿动物的体温为35～37℃，青藏高原上高原鼠兔的体温为39.8～40.3℃。鸟类的体温一般比哺乳动物的体温高。比如，猫头鹰的体温约为38℃，鸡的体温约为40℃，鸽子的体温为 39 ~ 42℃。

鸟类和哺乳动物都具有相对高而恒定的体温，这主要得益于其完善的体温调节机制。它们发达的中枢神经系统可以精细地调节产热和散热两个过程。

一般情况下，恒温动物的体温要高于其生存环境的温度，所以恒温动物调节体温的主要方式是保温，即减少热量散失。恒温动物一般都具有较好的抵抗寒冷的能力。

但是，如果生活在干旱炎热的地区，恒温动物的体温调节就直接进入了"困难模式"。比如，人类正常体温是 37℃ 左右，如果环境温度超过了体表温度，那么不但体内多余的热量很难散发出去，反而会有周围的热量进入体内，导致体温急剧升高，甚至会危及生命。

那么，生活在沙漠干旱地区的动物有哪些高招来抵抗高温天气的威胁呢？

生物地理学上有著名的"艾伦规律"：恒温动物身体的一些突出部分（如四肢、尾巴、外耳等），在气候寒冷的地区有变短（小）的趋势，在气候炎热的地区有变长（大）的趋势。比如，沙漠干旱区的野兔和狐狸等都具有较大的耳朵，耳朵大，散热面积就大。科学家还用红外热成像技术发现，非洲象的大耳朵具有重要的散热功能，耳朵的温度比体表其他部位的温度低一些。

栖息在沙漠中的山羊、羚羊、绵羊等动物，依靠体内一个叫作颈动脉网的特殊结构来应对高温环境。颈动脉网是由脑下部的小动脉组成的一个网状结构。由于供给大脑的血液来自颈动脉，因而动脉血经过颈动脉网的时候，会与从鼻腔流过来的冷却的静脉血进行逆流热交换，这样就降低了进入脑部的血液的温度，避免大脑遭受高温损伤。通过这种方式，高温环境中的绵羊有效地维持了"头脑冷静"——在它们体内，进入脑部的血液温度比刚从心脏泵出的血液温度低 3℃。

高温环境固然不易应付，低温也是个严峻的考验。好在，一些生活在寒冷地带的动物早已"练就"了一身御寒技能。高原鼠兔就是其中的典型代表。

高原鼠兔是青藏高原的土著物种，主要分布在青藏高原及其毗邻的地区，一般栖息在海拔 3 000 ~ 5 000 米的区域。这里昼夜温差大，年平均温度仅为 -2℃。对高原鼠兔来说，在这样的栖息环境中维持体温是极大的挑战。

按理说，在这样的低温环境下，维持一个与大多数哺乳动物持平的体温已实属不易。而笔者曾对高原鼠兔适应高原环境的生态生理学进行过研究，发现高原鼠兔的体温在哺乳动物中居然算是比较高的，全年维持在 40℃左右，这个体温甚至跟鸟类差不多了。

寒冷环境对高体温动物的生存是很不利的。动物身体散失的热量与体温和环境温度之间的差值有关。一般而言，动物体温越高，与环境的温差越大，散热就越快，动物的生存代价就越高。

动物的体温是由热量产生和热量散失两个过程决定的。研究发现，高原鼠兔具有较高的代谢水平，其基础代谢率和散热率都高于与其体重相似的其他物种，但总体上产热速率高于散热速率。

像鼠兔这样的小型哺乳动物，抵抗寒冷、增加产热的一个重要方式是非颤抖性产热，也就是不借助肌肉的收缩、颤抖而产生热量，这主要得益于体内能够迅速产热的褐色脂肪组织。与白色脂肪组织不同，褐色脂肪组织具有丰富的线粒体和毛细血管，其产热过程受交感神经支配。由于特殊的产热机制，褐色脂肪组织产生的热量不能作为能量被身体贮存起来备用，只能快速散发出去，从而为寒冷环境中的动物维持体温提供了一种有效方式。

我们通过解剖发现，高原鼠兔体内的褐色脂肪组织全年都有存积，且在冬季含量增加。更重要的是，高原鼠兔的非颤抖性产热能力全年都维持在相对较高的水平。这些都是高原鼠兔维持高体温的重要保证。

动物的体温一般会具有昼夜节律变化。有趣的是，高原鼠兔的体温似乎没有昼夜变化，也没有季节变化，即全年都维持在高体温水平。

关于高原鼠兔还有一个有趣的现象，那就是它们具有与其超高代谢率不相匹配的"高寿"。根据生命速率理论，代谢率高的物种，生命速率较快。这是因为代谢过程中会产生对身体有害的过氧化物，代谢率越高，过氧化物在体内的积累就越多，对细胞的伤害也就越大，个体寿命就会因此缩短。

然而，具有较高代谢率的鼠兔，寿命相对来说并不短。高原鼠兔的寿命是 2 ~ 3 年。多年前，我国学者在青藏高原通过打耳标等方法标记高原鼠兔，连续追踪观察了 3 年多，并记录了一只迄今已知寿命最长的高原鼠兔——一生活了 957 天。

青藏高原上不乏抵抗低温环境的"高人"，除了高原鼠兔以外，温泉蛇也是"个中好手"。

温泉蛇是世界上分布海拔最高的蛇类之一，仅分布在青藏高原的温泉附近的生境中，现已发现西藏温泉蛇、四川温泉蛇和香格里拉温泉蛇 3 个物种。其中，西藏温泉蛇分布在西藏拉萨、日喀则、林芝等地，栖息地海拔为 3 700 ~ 4 850 米；四川温泉蛇分布在四川省西部的甘孜，栖息地海拔为 3 000 ~ 4 150 米；香

● 高原鼠兔　　　　高原鼠兔一般栖息在海拔 3 000 ～ 5 000 米的青藏高原
　　　　　　　　　及其毗邻的地区，它们早早"练就"了一番御寒本领，
　　　　　　　　　从而帮助自己在寒冷的栖息环境下维持体温。

　　　一些"不正经"的生存技能

格里拉温泉蛇分布在云南香格里拉市，栖息地海拔约为 3 362 米。温泉蛇的分布区域狭小，生存环境独特，种群数量较少。温泉蛇的 3 个物种都已被列为国家一级保护动物。

　　蛇类是变温动物，世界上大多数蛇类都生活在热带或亚热带地区，温带地区的蛇类在寒冷季节主要靠冬眠越冬。那么，青藏高原上的温泉蛇有哪些特殊的生理机制帮助它们在寒冷环境中生存呢？

　　首先，温泉蛇之所以选择在温泉附近生活，主要是因为有温泉的地方就有地热。温泉蛇将温泉附近的石堆和岩缝作为越冬场所，利用地热度过青藏高原上寒冷的冬季。温泉蛇的取暖方式并不是长时间泡在温泉里，而主要是依靠温泉周围环境的地热来提升自身的体温。温泉蛇主要取食温泉附近小溪和小河里的高原鳅、高山倭蛙等小动物。出于对地热的依赖，温泉蛇通常不会远离地热资源丰富的区域，温泉附近温泉蛇的种群密度相对较高。

　　对温泉蛇的趋热行为进行进一步测定后，科学家发现，温泉蛇能比其他蛇类更快速地定位到温暖区域，在行为上对温暖区域表现出特别的喜好。这体现了温泉蛇异于常"蛇"的温度感知能力。

　　进一步研究发现，基因突变是温泉蛇对温暖环境具有高感知能力的重要原因。温泉蛇体内与温度感知和调节能力相关的基因发生了进化改变，涉及与温度相关的多个瞬时受体电位离子通道等。其中，TRPA1 是一种热敏离子通道，参与蛇类包括红外探测在内的多种热探测行为。科学家发现，温泉蛇的 *TRPA1* 基因发生了独特的突变，使其在面对温暖环境时可以做出快速应答。温泉蛇因此拥有了快速定位附近温泉的能力，从而使自身体温得到了进一步提升。

動物 "猫冬"

秘籍

　　在温带地区，气温和食物资源的季节性变化明显。在食物缺乏的严冬季节，鸟类和哺乳动物等恒温动物将面临严峻的生存挑战。恒温动物越冬有不同的方式，有些物种（如旱獭、黄鼠、刺猬、蜂鸟等）会采取冬眠或蛰眠的方式度过严冬，有些物种（如燕子等）将迁徙到温暖的南方越冬，而那些不冬眠、不迁徙的物种则依靠提高自身的生理抵抗力或进行一些行为调节过冬，比如提高产热能力、增加皮毛隔热性、建筑保暖的巢、抱团取暖、减少巢外活动时间，以及降低体重以减少自身总能量消耗，等等。

　　抱团取暖是一种很有效的御寒方式。在寒冷季节，一些哺乳动物和鸟类会拥挤在一起抱团取暖，这被称为聚群行为。聚群行为不是简单聚集在一起，而是动物主动的、个体间结合紧密的社会性行为，具有调节整体体温的功能。动物学家很早就发现，寒冷气候可以促进动物聚群。

　　在野外，许多物种主要利用聚群这种方式过冬。比如，欧洲有一种叫作欧䶄的啮齿动物，当它们处于25℃的环境温度时，活动性增加，没有聚群现象；但当处于3～14℃的环境温度时，其活动性降低，并在巢中聚群。灵长类动物褐美狐猴在环境温度降低时，活动性降低，并有聚群现象。麻雀等小型鸟类在严寒天

　一些 "不正经" 的生存技能

气里聚群，是很普遍的现象。

动物聚群会给它们带来很多益处，比如觅食成功率提高，可共同防御天敌、保护资源，增加安全感等。聚群最重要的一个功能是减少身体的热量散失，从而降低代谢率。小型恒温动物个体小，体表面积与体积的比值相对较大，散热面积也就较大。因此，在寒冷环境中，它们的身体热量散失较多，散热速度较快，这对于动物维持稳定体温是非常不利的。此时，动物的聚群行为就达到了抱团取暖的效果。

据测定，低温条件下，啮齿动物通过聚群可以使散热面积减小 29% ～ 39%。比如：白足鼠 2 只聚群时可使散热面积减小 21% ～ 29%，3 只聚群时可使散热面积减小 31%；黑田鼠在 0℃ 的环境温度下，通过聚群减小散热面积，可使整体能量消耗减少 45%；一些鸟类在低温环境中通过聚群可使代谢率降低 38%。

大多数哺乳动物和鸟类在聚群时会维持较高且恒定的体温，但也有些物种在聚群时产生体温降低的现象，这样可进一步减少身体的热量散失。比如：美洲的白足鼠在 13℃ 的环境温度下 3 只聚群且进行日蛰眠时，消耗的能量与不蛰眠的单只白足鼠相比，减少了 58%；生活在极端寒冷环境中的帝企鹅在聚群时的平均体温为 35.5℃，比不聚群时单只企鹅的平均体温低 2.2℃。

内蒙古草原上有一种草食性的小型啮齿动物——布氏田鼠，其体温一般为 37℃ 左右。笔者团队在实验室里把布氏田鼠分为两组分别饲养在温暖和低温环境中，一组独居，动物没有机会聚群；另一组群居，动物有机会聚群。实验结果表明：在寒冷条件下，布氏田鼠会发生聚群行为；聚群后，食物摄入量减少了 29%，代谢率降低了 36% ～ 37%，保温能力提高了 39%。

更有意思的是，我们发现低温环境和聚群行为还会引起布氏田鼠肠道微生物的变化。我们知道，肠道菌群对宿主的很多生理功能都具有重要的作用。布氏田鼠聚群后，其盲肠中与炎性黏膜疾病相关的病原微生物的种类减少了，而能够产生乙酸、丙酸和丁酸的微生物种类和数量增加了。乙酸、丙酸和丁酸是短链脂肪酸，有利于保护肠道和维持身体健康。可见，动物通过聚群行为使其肠道内的有害微生物减少了，有益微生物增加了。

事情都有两面性。动物聚群也会给它们带来不利的一面，比如：聚群时，动物群体变大，为了抢夺食物、隐蔽场所和配偶等，个体间易产生争斗，内部冲突会增加；群体变大也会增加疾病和寄生虫传播扩散的机会；大规模的群体更容易被天敌发现，等等。在自然环境中，动物在不同的生存条件下如何有效地权衡聚群的利与弊，是一个很有趣的问题。

相比抱团取暖这种"大众化"的越冬方式，高原鼠兔在冬季采取的御寒措施就显得独特了许多，甚至可以说有些"重口味"了。

高原鼠兔生活在青藏高原，那里气候严酷，高寒低氧，高原鼠兔的生存代价很高。研究发现，高原鼠兔的代谢水平和体温都较高，体重在冬季也没有降低，这意味着在食物资源短缺的严冬，高原鼠兔需要摄取更多的食物以维持较高的代谢水平和体温。

2021年7月，笔者团队历经十多年合作研究的一项成果初步揭示了部分高原鼠兔成功越冬的奥秘。我们采用双标记水稳定性同位素方法，在野外测定了自由活动的高原鼠兔在冬季和夏季每天的能量消耗。测定结果让我们很意外——当地冬季的平均环境温度比夏季要低25℃，但高原鼠兔在冬季每天的能量消耗不仅没有增加，反而比夏季降低了约30%。

在严寒的冬季，高原鼠兔如何做到让自身的能量消耗不增反

● 啮齿动物的
　 聚群行为

一些动物在寒冷季节会拥挤在一起抱团取暖，这被称为
聚群行为。聚群行为在啮齿动物和小型鸟类中很常见。

　散装动物学：
你不知道的奇妙冷知识

降呢?

为了解开这个谜团,我们在高原鼠兔的腹腔内埋植了可长时间监测其体温和活动性的自动记录装置,同时在野外对高原鼠兔的地面活动情况进行了录像,并对刚捕获的高原鼠兔的代谢水平进行了测定。

结果让我们吃惊。在冬季,高原鼠兔的体温是降低的,代谢水平是降低的,活动量也是降低的。由此可以推测,高原鼠兔冬季总体能量消耗的降低主要是通过降低自身的代谢水平、体温和减少地面活动等多方面综合实现的。

我们在野外研究中,偶然发现高原鼠兔在冬季有取食牦牛粪便的现象。难道高原鼠兔在食物缺乏的冬季以牦牛的粪便作为能量来源吗?我们在野外用摄像机拍摄了高原鼠兔的取食活动,多次发现高原鼠兔在啃食牦牛的粪便,说明这种行为并非偶然。为了进一步确认高原鼠兔是否真的取食了牦牛的粪便,我们采用分子生物学技术分析了高原鼠兔的胃内容物,在其中确实发现了牦牛的 DNA。这就基本证实了高原鼠兔取食牦牛粪便的事实。

对于高原鼠兔来说,牦牛粪便既容易获得,也容易消化。另外,我们进一步分析发现,在冬季取食了牦牛粪便的高原鼠兔,其肠道微生物的组成与牦牛的肠道微生物的组成有很高的相似性。这说明高原鼠兔取食牦牛粪便除了可以补充能量外,还可以通过改变肠道微生物的组成,影响其营养吸收和代谢等生理学功能。

我们还发现了一个有趣的现象:在冬季家养牦牛密度高的地区,高原鼠兔的数量也多。这一现象看似解释不通,但考虑到高原鼠兔在冬季会取食牦牛粪便的行为,也就不难理解了。

迁徙还是"苟着"，

这是一个问题

　　在北方的严冬季节，我们经常会看到麻雀一大早就成群结队地在草地上蹦跶。鸟类的体温为 39 ～ 41℃，比人类 37℃左右的平均体温要高，所以，人们很自然就会想到一个问题：我们穿着厚厚的羽绒衣都感觉冷，这些小型鸟类是如何过冬的呢？

　　确实，温带高纬度地区的鸟类在冬季会面临很多方面的生存挑战，如环境温度降低、可利用的食物减少、取食时间缩短，以及夜晚寒冷时间延长，等等。鸟类过冬有多种方式：有的鸟类采取迁徙的方式，在寒冬到来、食物短缺的时候就飞到气候温暖、食物充足的地方去；还有一些鸟类就在原地过冬，通过行为和生理能力调节的方式抵抗和耐受寒冷。不同的过冬方式有不同的优缺点：迁徙的鸟类虽然能在温暖的地方享受丰富的食物资源，但长距离的迁徙过程有很大的风险；原地过冬的鸟类虽然避免了迁徙过程中的危险，却面临寒冷和食物短缺等胁迫因素。

　　鸟类是高体温动物。经统计，鸟类在活动时的平均体温为40℃，在高强度活动（飞行或奔跑）时的平均体温为 43.9℃。作为高体温的恒温动物，鸟类需要产生足够的热量才能维持恒定的体温，而恒定体温的维持需要鸟类在产热和散热之间保持平衡。因此，鸟类在寒冷环境中需要增加产热量并减少散热量，这对其

散装动物学：
你不知道的奇妙冷知识

生存非常关键。

鸟类越冬主要采用 3 种体温调节方式。

一是行为学调节。前文提到的抱团取暖就是行为学调节方式的一种。帝企鹅和麻雀等小型鸟类会采用这种方式。另外，一些鸟类通过把头和足缩起来、把羽毛竖起来等方式减少总散热面积。一些小型鸟类还会把羽毛变蓬松，使身体呈圆球状，以减少热量损失。有些鸟类在白天尽量取食高脂肪含量的食物，这也有利于在夜晚抵抗寒冷。行为学调节是鸟类体温调节的重要方式。

二是形态解剖学调节。体形稍微大一点的鸟类（如鹅和松鸡等）在寒冷季节会长出保温性能好的绒毛，以增加隔热性，减少热量散失。山雀等鸟类在冬季可增加身体的脂肪含量，脂肪层既可有效地减少散热，也是身体能量的重要来源。部分鸟类还拥有一种形态结构上的精巧设计，称为逆流热交换，即从动物身体核心流向肢体末端的温暖的动脉血与从肢体末端流回身体核心的静脉血，通过动脉血管和静脉血管的几何布局可以交换热量。逆流热交换可以保证动物体内的重要器官有温暖的血液循环，而肢体末端的温度可以降到很低。海鸥等鸟类能在寒冷的环境中站立在冰面上，而身体的核心部位仍能保持恒温，靠的就是逆流热交换。

三是生理学调节。山雀等鸟类可以有效利用肌肉颤抖来抵抗寒冷。鸟类的这种颤抖与哺乳动物通过骨骼肌收缩而产生热量的那种"颤抖大法"有些不同，其主要是通过激活对立的肌肉群，产生肌肉收缩，从而有效地保持体温恒定。

鸟类还可以通过降低内部恒温的调定点温度等复杂的生理学过程节省能量。如北美洲的蜂鸟，在寒冷的夜晚能把体温降到很低，甚至接近外界环境温度，这时其代谢活动水平会急剧下降；第二天当环境温度升高时，蜂鸟依靠肌肉颤抖产热，恢复正常体温和代谢活动。

　　冬眠这种有效的越冬方式在小型哺乳动物中很常见，但在鸟类中并不常见。北美洲西部沙漠或半荒漠地带分布的弱夜鹰，被认为是迄今唯一具有类似冬眠特征的鸟类，其蛰眠时间平均为 4 ～ 8 天，最长可达 45 天。

　　对于温带大多数小型鸟类而言，能否在生理上增强代谢产热能力是决定其能否安全越冬的关键因素。鸟类这些不同的越冬方式，是在自然环境条件下进化适应的结果。

● 鸟类的
　　聚群行为

行为学调节是鸟类调节体温的重要方式。一些小型鸟类在冬季会通过聚群行为维持体温，这就是行为学调节的一种。

干旱地带，

绝地逢生

    干燥沙漠地区的气候特点是高温和少雨。对于生活在这里的动物来说，其面临的最大挑战是热和缺水。水分是制约动物生存和繁殖的一个关键因素。

    从生理功能上讲，动物体内水分含量和盐浓度的稳定是内环境稳定的重要组成部分，内环境稳定是动物正常生存的生理保证。动物要维持体内的水分平衡，每日获得的水量要等于或大于散失的水量。

    动物获得水分的途径有饮水、摄取食物中的游离水，以及通过化学过程氧化食物成分而产生代谢水。动物身体散失水分的途径也有很多，如通过呼吸和出汗蒸发失水，随排出体外的尿液和粪便而失水，以及通过分泌唾液失水等。哺乳期的动物还会通过分泌乳汁失水。

    在干旱缺水的环境中，动物如何保水或节水是决定其生死存亡的关键。动物在适应环境的过程中，进化出一些有效的节水方式。

    擅长抵抗干旱炎热环境的物种中，最著名的当属有着"沙漠之舟"美誉的骆驼。骆驼可在沙漠中长时间行走而不需要喝水，即使有喝水的机会，骆驼的饮水量也不会超过自身的需求量。有

散装动物学：
你不知道的奇妙冷知识

意思的是，在有喝水机会的情况下，骆驼可以将体温昼夜变化的幅度控制在很小的范围内（约3℃）。

更令人惊奇的是，骆驼在极度脱水的情况下，生存能力依然很强。在脱水情况下，骆驼白天的体温可以超过40℃，夜晚可降到34℃，能耐受较大的体温波动。骆驼主要依靠精细发达的生理机制，通过减少对水分的需求在沙漠环境中生存下来。

有些动物还具有一种独特且重要的节水机制——产生高度浓缩的少量尿液。尿液浓度的高低主要是相对于血浆的渗透压而言的，高于血浆浓度的尿就是浓缩尿。哺乳动物的尿液一般都会有不同程度的浓缩，当动物失水过多或摄入水分严重不足时，产生高度浓缩的尿液就成为节水的一种重要策略。

动物产生浓缩尿有两个过程：血液在肾小球中的超滤过程和水分在肾小管中的重吸收过程。相应地，沙漠啮齿动物的肾脏拥有特殊的生理功能——肾小球的滤过率较低，肾小管的重吸收能力则较强。

生活在美国西部和西南部干旱沙漠地区的更格卢鼠，是适应干旱环境的典型代表动物。更格卢鼠用后脚跳跃，用尾巴保持身体平衡，运动起来像袋鼠，它的英文名 kangaroo rat 正源于此。

更格卢鼠在野外环境中从不喝水，它们取食干燥的植物种子，也不会像其他动物那样把水储存在体内以备将来利用。不过，大自然赋予了它们在干旱环境中生存的特殊能力——它们能将取食的干燥种子转化为可利用的水，即通过氧化食物而产生代谢水。更格卢鼠采用这种方式获取的水分占其总获水量的89.7%。

更格卢鼠的主要食物是植物种子。在沙漠中，水是宝贵的。许多低矮的一年生植物能利用稀少短暂和没有规律的降水，快速完成发芽、生长、开花、结果等生活周期，产生休眠期不同的各种种子，这就为更格卢鼠提供了丰富的食物来源。

更格卢鼠有特殊的肾脏，这使得它们排出代谢废物时，只排出极少的水。将梅氏更格卢鼠（更格卢鼠的一种）与以色列干旱区食草为生的肥沙鼠进行比较，就可知更格卢鼠的过人之处。梅氏更格卢鼠和肥沙鼠各自随尿液散失的水量分别占其总失水量的23% 和 41.6%，随粪便散失的水量分别占其总失水量的 3.2% 和 16.3%，而蒸发失水量分别占其总失水量的 73.7% 和 43.1%。

更格卢鼠没有通过排汗和喘气等方式来降温的能力，当体温接近死亡极限时，它们会将分泌的唾液涂抹在身上，用这种紧急降温的措施来挽救生命。

当然，更格卢鼠门下约有 20 多个种，不同的物种还有各自独特的适应方式。例如，凿齿更格卢鼠是为数不多的能取食含盐灌木叶子的哺乳动物之一，它们会用下门牙剥掉叶子上的皮，然后取食底下富含水分和营养成分的那一层。

有意思的是，虽然更格卢鼠体内不储存水分，但有研究表明，它们体内的含水量并不少，与其他动物的体内含水量相近。

在我国新疆的塔里木盆地，生活着一种适应干旱环境的兔子——塔里木兔。塔里木盆地的气候特点是气温变化剧烈，年温差可达 70℃，夏季炎热，沙面温度高达 70 ~ 80℃，且空气十分干燥。塔里木兔属于晨昏型物种，多在早晨和黄昏活动，这样可以避开中午的高温胁迫。另外，塔里木兔选择栖息在水库周边、河畔的沼泽和河滩地等地，这也是应付高温缺水条件的一种策略。

塔里木兔的肾脏具有较宽的髓质，可以产生高浓度的浓缩尿。对其肾脏组织的显微观察结果表明，塔里木兔肾脏的髓袢较长，而长髓袢有利于在髓质中形成更高的渗透压梯度。塔里木兔血液

中的钠离子含量相对较高，钙离子含量相对较低，具有很强的水分调节能力。肾脏的宽髓质和长髓袢是塔里木兔产生较高渗透压梯度尿的基础。科学家还发现，塔里木兔肾脏组织中的各种水通道蛋白的表达水平较高，促进了肾小管对小管液水分的重吸收，从而减少水分的散失。这是塔里木兔适应干旱缺水环境的分子机理。

塔里木兔为塔里木盆地的常见种。由于栖息地斑块化，再加上人类对塔里木兔的捕猎，塔里木兔数量急剧下降。据新疆林业部门 1997—2000 年的调查，塔里木兔的野外种群数量不足 16 万只。目前，塔里木兔已被列为国家二级保护动物，在世界自然保护联盟濒危物种红色名录中为近危物种。

近年的分子地理学研究发现，塔里木兔的核苷酸多样性低于其他兔类，且其种群之间已经发生了明显的遗传分化，具有明显的系统地理结构。种群的地理隔离会引起种群基因交流减少，使遗传多样性逐步降低。因此，人们需要进一步采取措施加强对塔里木兔的保护。

洞穴鱼：

黑暗给了我

强大的力量

洞穴鱼类，是指那些在自然状态下需要在黑暗的洞穴环境或地下河、地下湖泊、龙潭等地下水环境中完成全部或部分生活史的鱼类。它们一旦离开了这种黑暗环境，其生活史就不能自然完成。洞穴鱼类都属于淡水鱼类。

洞穴环境长期黑暗无光，没有植物等初级生产者，能量物质资源极度缺乏。因此，洞穴鱼类的种群数量一般都很少，种群密度很低，个体也较小。例如，无眼平鳅的体长为 2.65～4.13 厘米，个旧盲条鳅体长为 4.2～5.2 厘米，裸腹盲鲃体长为 4.3～5.9 厘米，无眼金线鲃体长为 8.3～12.8 厘米。洞穴鱼的能量来源可以是栖息在洞穴中的蝙蝠排泄的粪便，也可以是随季节性洪水从外界而来的食物。

在长期的进化过程中，一些洞穴鱼类形成了适应洞穴环境的形态特征，这些特征有的是退化性特征，有的是特化性特征。退化性特征是指洞穴鱼类那些无用的器官在进化过程中消失或功能削弱，比如，罗城岭鳅的身体色素消失使其身体变得透明，天峨高原鳅的眼睛已退化甚至无眼，小眼洞鳅的鳞片稀疏或无鳞片，等等。

特化性特征是指洞穴鱼类某个器官的进一步发育和功能的进

一步加强,如湘西盲高原鳅的鳍明显延长,都安洞鳅具有发达的尾鳍鳍褶,颊鳞异条鳅具有发达的触须等。很多洞穴鱼类的头背交界处都有一个向前伸出的角状结构。我国学者研究发现,洞穴鱼类的代谢水平较低,但身体的脂肪等能量物质含量较高,嗅觉敏感性较高,振动觉灵敏性增强。

洞穴鱼类按照适应性形态特征,可分为典型性洞穴鱼类和非典型性洞穴鱼类。典型性洞穴鱼类具备上述的适应洞穴环境的特征,而非典型性洞穴鱼类虽然需要利用地下水环境完成其部分生活史,但一般在弱光环境或地表水体中活动,形态特征上并不表现出明显的洞穴适应性特征。例如,多鳞白甲鱼是唯一分布在我国北方的洞穴鱼,它们每年冬季都需要进入地下水体中越冬,但第二年会重新回到地表水体中进行觅食和繁殖等活动,每年只有近6个月的时间在洞穴内生活。

科学考察发现,全世界除了南极大陆之外,各个大陆都有洞穴鱼类的分布,以热带和亚热带地区为主。中国是世界上洞穴鱼类多样性最丰富的国家之一。世界上已发现的洞穴鱼类超过300种,中国的洞穴鱼类超过150种,约占中国淡水鱼类总数的10%,在中国淡水鱼类多样性中占有重要地位。中国洞穴鱼类主要生活于我国西南部喀斯特地区,集中在广西、云南、贵州、湖南、重庆、湖北等地。

中国的洞穴鱼类全部为中国特有种,在洞穴水生生态系统中处在顶级捕食者的地位。中国的洞穴鱼类由于所栖居的极端环境和洞穴的高度隔绝作用,现正处在高度的物种分化过程中。由于洞穴环境的食物资源有限,绝大多数洞穴鱼类数量稀少,很容易成为濒危种类。

● 洞穴鱼　　　　洞穴鱼类终生或相当一部分生活周期在黑暗无光的洞穴
　　　　　　　环境中生活，它们因此形成了适应洞穴环境的形态特征，
　　　　　　　如眼部退化、身体透明、触须发达等。

避敌、逃生，

看我七十二变

　　动物为了降低被捕食的风险，有时会使用一些迷惑敌人的手段，拟态就是其中之一。

　　动物的拟态，是指一种动物通过在形态、姿势、颜色或行为等方面模拟其他动物或植物，以降低被捕食风险的现象。拟态主要包括两种类型——贝茨拟态和米勒拟态。

　　贝茨拟态是指一种无毒且可食的物种在形态和颜色上模拟一种有毒且不可食的物种。英国博物学家亨利·贝茨在亚马孙河流域进行动物考察时发现，有些无毒蝴蝶会装扮成其他有毒或不可食的动物的模样，从而避免被天敌捕食。贝茨提出了假警戒色的学说，认为这种现象是可食性蝴蝶在自然选择的作用下模拟体内有毒素和体表具有警戒色的蝴蝶种类而产生的结果。米勒拟态是指一种不可食程度较弱或毒性较弱的物种在形态和颜色上模拟另一种不可食程度强或毒性强的物种，以免被捕食，从而增加自身的生存机会。

　　拟态在昆虫和蜘蛛中出现得较多，在脊椎动物中也较常见。杜鹃是一种寄生鸟类，自己不建巢，而是将卵产在苇莺等寄主鸟的巢内。杜鹃的卵与寄主鸟的卵在外观上相似，这样不仅提高了寄生的成功率，还能使孵出的雏鸟靠寄主鸟喂养长大。一些猫头鹰有时会模拟生活在同一地区的食肉类哺乳动物的面部表情，如雕鸮的面部像猞猁的面部，角鸮的面部像貂，草鸮的面部像狼等。

除了形态和行为以外，拟态还包括模拟发光、声音、气味以及某些生物化学特征等。拟态既有不同物种间的拟态，也有物种内的拟态。拟态对某些物种的生存至关重要，它是一种有效的防御天敌的方式，是一种重要的进化适应和生存策略。

2022年，我国科学家在昆虫的拟态研究中获得了重要进展。他们研究的对象是枯叶蛱蝶属的蝴蝶，这种蝴蝶翅膀顶部的颜色很鲜艳，有深蓝色、黑色和橙色条纹，但当蝴蝶扇动翅膀时，翅膀的底面就形成了暗褐色的阴影，恰如一片枯叶。枯叶蛱蝶属存在着丰富的叶形拟态多态性，其翅膀向后折叠时，可惟妙惟肖地模拟棕色的枯萎叶片，翅腹面的叶形拟态图案细致地模拟了叶中脉、次脉、叶柄，甚至连叶片上的霉斑都模拟了出来。

为了找出枯叶蛱蝶这种特殊的伪装能力的进化和遗传学机理，科学家在亚洲收集了枯叶蛱蝶属的多个样本，并利用现代分子生物学方法和技术对这些蝴蝶的基因组进行了测序，最后找到了能够调控蝴蝶翅膀不同叶形图案的一个基因——cortex 基因，正是这种基因的进化压力推动了蝴蝶种群丰富多彩的形态变化。

科学家利用基因编辑的技术手段进一步验证 cortex 基因的功能时，发现一旦缺少这个基因，枯叶蛱蝶翅腹面和背面的花纹就会改变。科学家由此揭开了枯叶蛱蝶类群的拟态机理，这也是对自然界为什么会存在如此丰富的昆虫多样性的一个遗传学解释。

● 动物的
　拟态行为

蝴蝶通过模拟周围环境或其他不可食的蝴蝶种类，以达到躲避天敌的目的，这种防御机制叫作拟态。

　　自然界中，动物的体色丰富多彩。同一类动物会有不同的体色，即使是同一个物种，也会因为生存环境的不同而产生不同的体色。动物的体色具有重要的生物学和生态学功能。作为保护色，它可以使动物避免被天敌发现，或者更好地隐蔽自己以伺机捕食，飞蛾的隐蔽色、雪豹身体的花纹就属于这一类。作为警戒色，它可以警示天敌自己有毒或具有危险性，如箭毒蛙的鲜艳斑纹。也有一些动物将体色作为性信号色，如鸟类在求偶时就用醒目的羽毛颜色来展示自己具有良好的基因。

　　动物体色按形成机制可分为色素色和结构色两类。色素色是通过色素成分的含量变化以及颜色的叠加产生的，这一原理类似于用三原色形成其他各种色彩。例如，部分鱼类呈现多变的体色，是因为其体内的色素能够选择性地吸收特定波长的光而反射其他波长的光，进而产生不同的颜色。结构色是通过细密的生理结构反射光线产生不同波长的反射光而形成的颜色，其形成基础主要是光学原理。动物感光细胞的种类、数量、感光器构造存在差异，因而感光的波长范围和强度差别很大，如昆虫、爬行动物和鸟类都能感知紫外光，哺乳动物则不能。

　　科学家通过研究爬行动物的体色多样性发现，其身体的颜色或斑纹主要是由 3 种色素细胞形成的，即黑色素细胞、黄色素细胞和虹彩细胞，这些色素细胞的排列和相互作用最终产生了不同的色彩。例如，分布在我国南方季雨林带的绿瘦蛇，在野外常见的体色有绿色和黄色两种，我国科学家通过透射电镜成像技术发现，这两种绿瘦蛇的皮肤色素细胞，尤其是虹彩细胞，在排列和形态上存在明显差异，黄色个体的皮肤中含有更无序、更厚的虹彩细胞嘌呤晶体。虹彩细胞的形态差异可能是绿瘦蛇体色差异的表型基础，而分子生物学的实验结果表明，$SMARCE1$ 基因的关键突变是其体色差异的重要分子基础。

在鸟类家族中，雌雄个体色彩不同的特征很突出。例如，山椒鸟雄鸟的羽毛以黑色和红色为主，而雌鸟则以灰色和黄色为主。山椒鸟羽毛中含有的色素是黑色素和类胡萝卜素，这两种色素也是许多动物产生体色的主要色素。脊椎动物主要通过摄入食物来获取色素合成的原料，所以其身体颜色的深度可以间接反映动物的捕食能力。

巧合的是，黑色素和类胡萝卜素也是重要的生物抗氧化剂，是组成动物机体免疫系统的重要成分。因此，动物如何分配体内有限的色素含量就很有门道了：如果将较多的色素用于构建免疫系统并抵抗疾病，则能用于展示鲜艳体色的色素就较少；反之，如果投入较多的色素用于展示体色，则会影响自身的免疫能力。所以，有一种学说认为，动物会在展示鲜艳体色与抵抗疾病之间进行权衡。

两栖动物中，蛙和蟾的体色尤为丰富多样。科学家发现一个有趣的现象，两栖类多变的体色对它们抵御环境压力和病原体很有帮助。生活在寒冷地区的两栖动物通常体色较暗淡，生活在温暖地区的则体色相对明亮，体色明亮的物种可以耐受较高的环境温度，但抵抗致命性的壶菌等病原体和紫外线B段的能力则较弱。

体色能够影响身体的热量吸收和散发，以及捕食和避敌的效率。例如：一些动物在寒冷的环境中拥有较暗的体色，从而能够吸收更多阳光来保持体温；而在干旱炎热的环境中，动物可能具有较浅的体色，以减少热量吸收。

雪兔是一种生活在北极地区的哺乳动物，它们的毛色会根据季节变化而发生变化。在夏季，雪兔的毛色会变浅，呈灰白色，有助于反射阳光，使体温不会上升过快。到了冬季，雪兔的毛色变为纯白色，这样能更好地隐蔽在雪地中，避免被天敌发现。

动物体色的改变受到温度、光照、生境特征，以及被捕食者和捕食者的视觉、行为等因素的影响，对其自我保护、求偶等都有重要的作用。

动物界的
奇闻轶事

"天下之大，无奇不有"，动物世界，亦
是如此。动物们总有一些奇特的行为，
颠覆我们的惯常认知，打破我们的固有
常识。

**奇闻轶事这么多，
还有多少冷知识是我不知道的！**

择偶

鹦鹉是个"智性
恋"，雌性鹦鹉更
偏爱拥有高超取
食技能的雄性。

育儿

并不是只有哺乳
动物才有哺乳行
为，蜘蛛也有。
不过有科学家认
为，此"哺乳"非
彼哺乳，二者还是
有一些区别的。

飞行能力

哺乳动物中只
有两类动物会
"飞"，一类是
鼯鼠，另一类是
蝙蝠。

繁殖

在食物不足的冬季或旱季等不利于繁殖的季节，雌性蝙蝠可以将雄性的精子在体内储存 3~6 个月，等到合适的时间再排卵。

越冬

鼩鼱的大脑在冬季会缩小，到了来年春季再恢复。

通信交流

凹耳蛙能以超声信号进行通信，不过，只有雄性凹耳蛙能听见超声，雌性听不见。

奇奇怪怪的

择偶策略

　　都知道鹦鹉的智商在鸟类中算是高的，但你可能想不到，鹦鹉在择偶时也非常看重智商，是个不折不扣的"智性恋"。我国科学家经过多年研究发现，虎皮鹦鹉的认知能力是它们选择配偶的标准之一。

　　研究人员用笼养的虎皮鹦鹉做实验，首先让雌鸟选择配偶，从两只雄鸟中选出自己偏爱的一只。结果表明，在连续4天的配偶选择过程中，雌鸟都会花更多的时间和自己偏爱的雄鸟待在一起。然后，研究人员对不受雌鸟偏爱的雄鸟进行专门的技能训练——学习打开特殊的食盒。这些雄鸟主要学习两种技能：一种是打开培养皿的能力，另一种是打开复杂小抽屉的能力。研究人员耐心地训练这些雄鸟，一星期后，这些雄鸟都成了能顺利打开食盒并获取食物的高手。

　　研究人员又将这些昔日不受偏爱、经过培训掌握了取食技能的雄鸟重新放回到雌鸟面前，让雌鸟观察这些雄鸟如何轻松地打开食盒获取食物，同时也让雌鸟看到它们原来偏爱的雄鸟在食盒面前无计可施的样子。经过几天的观察后，研究者让雌鸟重新选择配偶。令人惊奇的是，这次雌鸟的选择发生了显著变化，它们愿意更多地和原来不受偏爱的雄鸟在一起。这一结果表明，雌鸟在选择配偶时，会更青睐有取食技能的雄鸟。

为了进一步验证这个结论，研究者又进行了两组对比实验。第一组实验是让雌鸟观看原来不受偏爱的雄鸟取食开放的食盒，而只给原来受偏爱的雄鸟留有空食盒，结果雌鸟仍然坚持偏爱原来的对象。这说明并不是食物本身在起作用。

不过，鹦鹉对智商的看重仅限于选择配偶，当它们选择闺蜜时，就完全不在意智商因素了。研究者的第二组实验是让雌鸟选择合拍的雌鸟，观察雌鸟是否依据其他雌鸟的聪慧程度来选择同性朋友。这组实验与最初的实验流程一样，只是把两只被选择的雄鸟换为雌鸟。结果表明，雌鸟在观察了其他雌鸟展示取食技巧后，并没有改变对闺蜜的选择。这说明雌鸟在选择同性伙伴时，不受对方认知能力的影响。

这项研究表明，鹦鹉对认知技能的直接观察可以影响其对配偶的选择。进一步说，动物的配偶选择可能会影响动物认知特征的进化。

大多数鸟类的婚配制度是一夫一妻制，斑胸草雀也不例外。斑胸草雀雌鸟在选择雄鸟时一般都很挑剔。在一个种群内，如果有多只雌鸟都偏向选择相同的雄鸟，雌性间就会产生配偶竞争的现象。如果雌鸟都很挑剔，可能会导致一些雌性最后无法找到合适的配偶。2021 年 11 月的一项研究表明，虽然斑胸草雀雌鸟在选择配偶的过程中很挑剔，但它们同时也具有相对灵活的繁殖策略。

在繁殖季节，斑胸草雀雌鸟偏好选择与自身具有相同鸣叫方言的雄鸟进行交配。根据这一特性，研究人员对 10 组斑胸草雀（每组有 12 只雌鸟和 12 只雄鸟）开展了研究。研究人员将每组实验

- **会打开食盒的**　　　在实验中，原本不受雌性欢迎的雄性鹦鹉，在接受了"特
  鹦鹉　　　　　训"并学会打开特殊食盒后，变得十分"抢手"，这说
  　　　　　　　　明鹦鹉在择偶时会看重对方的认知能力。

对象组合为两种"人员配置"：第一种组合为 4 只雌鸟和 8 只具有相同鸣叫方言的雄鸟，此时雌鸟竞争压力小；第二种组合为 8 只雌鸟和 4 只具有相同选择偏好的雄鸟，此时雌鸟的竞争压力大，将有几只雌鸟因找不到配偶而无法完成配对。

实验结果充分体现了斑胸草雀在"雌竞"困境下的灵活性。第一种组合中，87.5% 的雌鸟和与其鸣叫方言相同的雄鸟配对，10% 的雌鸟没有配对；第二种组合中，仅有约 38% 的雌鸟和与其鸣叫方言相同的雄鸟配对，约 31% 的雌鸟和与其鸣叫方言不同的雄鸟配对，约 26% 的雌鸟保持未配对状态。这一结果表明，多样化的繁殖策略可以缓解斑胸草雀雌鸟因挑剔配偶而需要面对的代价和困难。

研究人员还做了一个有趣的实验：将 160 只"单身"斑胸草雀平均分成 4 组，每组的 20 只雄鸟和 20 只雌鸟被饲养在同一个大鸟笼中，让个体间互相熟悉，进行"自由恋爱"。当进行繁殖时，研究人员把一半"配对情侣"保持原来的组合不变，将另一半"配对情侣"强行拆散，并人为进行"包办婚姻"，即强行让它们选择其他异性配对。

结果很有趣——与"包办婚姻"配对的个体相比，"自由恋爱"配对的个体可以多繁殖 37% 的后代，且雏鸟的存活率较高。这就是说，与心仪的雄鸟配对，雌鸟可产下更多的卵，且雏鸟生长速度快，存活率高。

只有哺乳动物

会哺乳吗?

　　哺乳动物的主要特征之一就是具有哺乳行为。所谓哺乳,就是雌性生产(分娩)后分泌和产生乳汁以哺育后代。一般认为,哺乳行为是哺乳动物独有的行为特征。不过,一些非哺乳动物也具有类似于哺乳的行为。例如,在一些鸟类(如鸽子、企鹅和火烈鸟等)中,雌鸟在喂养幼鸟的时候,其喉咙下的嗉囊也会分泌一种营养丰富的物质作为幼鸟的"口粮"。不过,鸟类没有乳腺,所以鸟类的"乳汁"不是由乳腺分泌的。

　　非哺乳动物的"哺乳"行为,是由我国科学家在2018年年底首次报道的。他们发现一种跳蛛存在长期供奶的行为。

　　蜘蛛在分类学上属于蛛形纲动物,有4万多种。这次发现有"哺乳"行为的蜘蛛叫大蚁蛛,隶属蜘蛛目跳蛛科蚁蛛属,主要生活在新加坡和中国广东等热带和亚热带地区。

　　研究者观察到,大蚁蛛幼体(幼蛛)在出生后的前20天没有离开过自己的巢穴,大蚁蛛妈妈在这期间也没有从外面带回食物,而幼蛛在这20天内身体长大了近4倍。一个有趣的问题随之而来——幼蛛是靠什么营养物质发育长大的呢?

　　研究者经过进一步细致观察,终于发现了其中的奥秘。雌蛛的腹部有一条生殖沟,能分泌一种液滴,幼蛛就是通过吸食这些液滴长大的。经过分析得知，这种液滴含有糖类、脂肪和蛋白质，研究者称之为"乳汁"。

在幼蛛刚孵化的前 7 天，大蚁蛛妈妈会将"乳汁"分泌到巢穴内的各个部位，供幼蛛取食。7 天后，大蚁蛛妈妈不再主动分泌"乳汁"，幼蛛会爬到妈妈的生殖沟位置，自己取食"乳汁"，并且会一直取食"乳汁"直到成年。

我们知道，双亲一直持续照顾后代到成年的现象，在灵长类（包括人类）、大象等动物中较为普遍。在蜘蛛中发现亲本长期抚育幼体的现象是很令人惊奇的。

蜘蛛的这种"哺乳"现象是否等同于哺乳动物的哺乳行为呢？其实，二者还是有一些区别的。

首先，哺乳动物的乳汁是由乳房中的乳腺组织分泌产生的，而蜘蛛中还没有发现（或确认）类似的器官或组织。哺乳动物的乳汁含有蛋白质、脂肪和糖，以及维生素、无机盐、酶和免疫抗体等。蜘蛛的"乳汁"也是高营养的，其中蛋白质的含量是牛奶的 4 倍左右，脂肪和糖类的含量比牛奶低。

另外，哺乳动物产生乳汁是一个复杂的生理过程。母体生产后，在幼体的吸吮刺激和垂体分泌的促乳素的作用下，乳腺产生和分泌乳汁。从发育上看，哺乳动物的乳腺与皮脂腺、汗腺等一样是表皮的衍生物。乳腺是变态的汗腺，雌雄动物都有，只有雌性动物能分泌乳汁。乳腺的发育受卵巢、垂体前叶和肾上腺皮质分泌的激素等控制。

所以说，尽管研究者观察到蜘蛛会"哺乳"，但作为无脊椎动物的蜘蛛与作为脊椎动物的哺乳动物在分类上相差很远，具有不同的起源，产生"乳汁"的器官（或组织）和生理过程等都是不同的。

大蚁蛛并非孤例。亚马孙河流域有一种两栖动物，叫环管蚓螈，2024 年，巴西科学家发现，环管蚓螈母体在抚育后代的长达两个月的时间里，会分泌一种富含脂肪和碳水化合物的乳状物质来喂养刚孵化的幼体。这是首次在产卵的两栖动物中发现类似于哺乳动物的"哺乳"行为。

环管蚓螈的繁殖习性很特殊，它们通过卵生的方式繁殖。雌性蚓螈在陆地上产卵，然后进行孵化。新出生的幼体带有牙齿，能够啃食母体的皮肤，并从母体的皮肤组织中获得生长所需要的营养物质。幼体啃食母体皮肤的行为大约每 7 天才发生一次，不难想到，这样的啃食频率是很难满足幼体生长发育所需的。

有意思的是，研究者发现，环管蚓螈的幼体不仅具有皮肤取食的习性，还会取食母体分泌的一种液体。实验室内的观察结果表明，在母体喂养期间，幼体的胃部充满了液体。科学家据此猜想，母体分泌的这种液体可能具有重要的营养功能。

为了验证这一猜想，研究者在巴西森林中收集了 16 只已经孵化的雌性环管蚓螈和它们的幼体，然后在实验室内对其完整的哺育过程进行了 242 小时的拍摄观察。分析发现：当蚓螈的后代在体外孵化后，雌性蚓螈会分泌富含营养的液体来养育后代；幼体吸食这些液体后，每窝的体重平均上涨 11%，体长平均增加 4.6%，且每窝幼体数量越多，变化幅度越大。

研究者观察到，孵化后的幼体会经常聚集在母亲的泄殖孔周围，并且通过身体接触和发出音调较高的声音来刺激母体。随后，接收到信号的雌性蚓螈会从泄殖孔分泌富含脂质和碳水化合物的液体，这种液体类似于哺乳动物的乳汁。幼体感知到液体分泌后，就会把头伸到泄殖孔内进食。

这一惊奇的发现说明两栖动物也存在非常特殊的亲子交流模式，幼体可以通过特殊的行为唤起母亲的喂养行为。

　　大自然奥妙无穷，动物的行为多种多样。不同的动物类群中，像"哺乳"这样的起源不同却功能相似的行为的进化，是很迷人的学术问题。

会飞的

哺乳动物

　　哺乳动物中有两类动物具有飞行能力：一类是蝙蝠，另一类是鼯鼠。鼯鼠只具有短距离"飞翔"的能力。我国南方地区的大鼯鼠和毛耳鼯鼠，以及东北地区的飞鼠等，身体上有皮褶形成的飞膜，从颈侧延伸到体侧的皮褶与四肢连成一片，因此，这些鼠类只要展开飞膜就可以在树间滑翔 30 ～ 50 米，大鼯鼠甚至可以滑翔 450 米。

　　不过，鼯鼠没有真正的翅膀，飞行距离很短，所谓的"飞"只能算是滑翔，所以哺乳动物中唯一能够真正飞行的是蝙蝠。

　　蝙蝠在分类学上属于翼手目，翼手目分为大蝙蝠亚目和小蝙蝠亚目。全世界现存的蝙蝠超过 1 300 种，是哺乳动物中仅次于啮齿类动物的第二大类群，除南极和北极外广泛分布于世界各地。我国的蝙蝠种类有 150 多种，主要分布在西南、华中和华南等地。据调查，分布在广东的蝙蝠有 60 多种，约占全国的 45%。我国北方也分布着马铁菊头蝠、东北管鼻蝠和乌苏里管鼻蝠等多种蝙蝠。

　　蝙蝠具有很强的飞行能力，其飞行消耗的能量比陆地动物奔跑时消耗的能量要高很多。比如美洲的矛吻蝠，在 24 ～ 26℃的环境温度下，飞行时的体温可达 41.2 ～ 42.1℃，接近其致死温度，

心率可达 828 次 / 分。

　　作为唯一一类会飞的哺乳动物，蝙蝠已经足够特殊，而它们在行为和生理特征方面还有更多特殊之处。比如：它们栖息的时候是倒挂的，这在所有生物类群中都极为罕见；它们生活在山洞中，晚上外出活动时利用回声定位的技能来取食；有的物种虽个头小但寿命可达 40 年；有的物种具有独特的吸血习性——所以吸血蝙蝠并不是传说。

　　蝙蝠的食性丰富多样。大多数小型蝙蝠主要捕食农林昆虫和其他小型节肢动物，有些大型蝙蝠（如狐蝠）主要以果实、花蜜和花粉等为食。也有少数种类的蝙蝠以肉食为主，比如以鱼为食的大足鼠耳蝠，捕食其他蝙蝠、啮齿动物、鸟类和两栖动物的假吸血蝠等。

　　蝙蝠在维持自然生态系统的稳定性和生物多样性等方面具有重要的作用。大多数蝙蝠种类以农业害虫为食，有研究表明，一只体重为 20 克的蝙蝠一夜可吃掉 200 ～ 1 000 只昆虫。蝙蝠也是众多植物的授粉者和种子传播者。

　　蝙蝠具有精子储存、延迟排卵和月经等特殊现象。精子储存是蝙蝠的一种适应性繁殖策略。在食物不足的冬季或旱季等不利于繁殖的季节，雌性蝙蝠会将雄性的精子储存在子宫或输卵管中，等待合适的时间排卵，精子储存的时间可达 3 ～ 6 个月，这样就保证了每年的繁殖成功率。

　　蝙蝠身上携带大量病毒，包括 SARS 病毒、埃博拉病毒和狂犬病病毒等，是许多人畜共患病病毒的自然储藏库。神奇的是，蝙蝠虽是众多病毒的携带者，但自身几乎不受感染，通常也不发病。

蝙蝠身上有许多值得研究的地方，如长寿、回声定位、免疫和抵抗病毒的机理等。对这些生理特征和行为的研究，将为人类社会和医学研究提供很多有益的启示。另外，蝙蝠对气候变化和环境退化较敏感，是很好的环境指示生物。

不"冷血",

才另类

在人们的惯有观念中,只有鸟类和哺乳动物属于恒温动物。由于这两类动物全身流动着温暖的血液,故而大众又称之为温血动物。与之相对地,昆虫、鱼类、爬行动物等变温动物,则被称为冷血动物。

2015 年,美国科学家打破了这一"成见",他们首次证实了月鱼的体内流动着类似恒温动物的温暖的血,是一种"恒温"的鱼。有人认为,这一发现改写了教科书中"鱼类都是冷血动物"的观点。

月鱼是一种全球性分布的海洋鱼类,体形较大,呈卵圆而侧扁状,体色鲜艳,主要分布在北大西洋东部,包括北海和地中海等地区。成年的月鱼体长可达 1.5 米,体重达 70 千克以上,能潜水到水温较低的深水区取食。月鱼有长长的胸鳍,这是游泳的重要器官。

科学家在月鱼胸部的肌肉组织中埋入热电偶,以监测月鱼在游泳时体温的变化。结果发现,月鱼在游泳时,其胸肌的温度是 14.4℃,比水温高 4.8℃。进一步分析发现,月鱼的强大胸肌为自身提供了大量热量。

鱼类的游泳方式一般是依靠其体轴摆动而前行,而月鱼则主

散装动物学:
你不知道的奇妙冷知识

要依靠一对翅膀一样的强大胸鳍的持续扇动来游动。同时，胸鳍扇动而产生的热量可借助血液循环供向全身各处。

不过，要想维持恒温，不能只有产热"机器"，还必须有散热"装备"。鱼类通过鳃部与海水进行气体交换，腮部血液与外界海水只隔着薄薄的几层细胞，当温暖的血液流到鳃部时，会散失很多热量。因此，鱼类的鳃部是承担散热功能的主要部位。

月鱼也拥有逆流热交换这种"高级"的保温方式。月鱼鳃部的动脉和静脉结构精细复杂，相互交错排列，动脉血和静脉血的流向相反。从鳃部回到心脏的温度较低的血液，吸收了从心脏流到鳃部的温度较高的血液的热量，因而又温暖起来。月鱼这种精巧的结构大大减少了热量的散失。

一般而言，鱼类在水温较低的水域捕食时，活动缓慢且不会久留，以此来减少热量损失。但是，月鱼由于能使整个身体保持"恒温"状态，加速了代谢速率，缩短了反应时间，因此可以游得更快，反应更迅速，视觉更敏锐。

更重要的是，月鱼拥有强大的心脏。温血的保护使得月鱼心脏的输出量不会因为温度的降低而减少，进而保证了月鱼具有长时间在深水中捕食的能力，不需要经常游到水面去补充热量。月鱼具备了"恒温"特性，能够适应海洋中不同深度下多变的水温，从而成为深海中高效的捕食者。

● 月鱼　　　　不同于大多数"冷血"的同类，月鱼的血液类似于恒温
　　　　　　　动物的"温血"，是鱼类中的异类。

散装动物学：
你不知道的奇妙冷知识

哺乳动物中，鼩鼱科的动物体形都比较小，体重较小的（如小臭鼩）只有 1.3 克，体重最大的是臭鼩，也不过 120 克而已。93% 的鼩鼱成体体重都小于 15 克。相比于大型动物，鼩鼱的体表面积与体积之比相对较大，这使得它们在低温环境中的身体散热速度较快，所以鼩鼱要维持恒定的体温就很难。当环境温度较低时，恒温动物一般会通过增加代谢速率来提高产热量，并消耗更多的能量，以此维持恒定体温。

20 世纪 40 年代，波兰动物学家奥古斯特·戴奈尔首先观察到一个有趣的现象——鼩鼱的体形在冬季会缩小。后来，科学家观察到许多生活在温带地区的小型哺乳动物在冬季会出现体重下降的现象，并认为这是它们在冬季节省能量的一种方式，对动物安全越冬有好处。但对于这些动物冬季体形变小的原因，科学界一直不是很清楚。

直到几十年后，德国科学家的一系列发现才终于"破了案"——原来，鼩鼱的脑袋可以"热胀冷缩"，在冬季有明显的缩小。

科学家对捕获的 12 只野生普通鼩鼱进行标记，在不同季节对它们追踪测量，并用 X 射线扫描测量其大脑体积。结果发现，所有个体的头骨都在冬季缩小，在次年春季又恢复到原来的大小。

这表明环境温度降低会导致鼩鼱头骨缩小，而环境温度增加可以使鼩鼱的头骨重新长大。实际上，鼩鼱在冬季除了缩小头骨，脊椎也会变短，其他器官的质量也会降低。追踪测量的结果表明，鼩鼱的体重从 7 月到次年 2 月下降了 18%，而春季时的体重比冬天增加了 83%。

大脑是能量消耗很大的器官。人的大脑质量仅占体重的2.5%左右，但消耗的能量可达整体消耗能量的20%。鼩鼱的大脑质量约占体重的2.6%，大脑缩小可使它们节省很多能量。鼩鼱体形缩小，也会使其整体消耗的能量随之减少，这样，鼩鼱会有足够的能量度过严冬。

那么，是不是冬季食物不足、营养缺乏等因素导致鼩鼱大脑体积缩小的呢？

为了回答这个问题，研究人员将鼩鼱饲养在人工环境中，观察不同环境因素对它们的影响。结果发现，在环境温度相对恒定的情况下，鼩鼱的头骨仍然会在冬季缩小，但到了春季不会恢复到以前的大小。在人工饲养条件下，食物和营养是充足的，所以鼩鼱大脑的缩小不应该是由食物短缺导致的。在自然环境中，温带地区冬季食物短缺可能也不是导致鼩鼱大脑缩小的原因，但环境温度显然是一个重要的影响因素。

鼩鼱大脑缩小带来的一个重要影响就是其认知能力的变化。认知能力对鼩鼱的觅食等行为有重要的意义。有研究表明，鼩鼱的空间记忆能力在冬季会下降。空间记忆能力下降必然会影响鼩鼱在野外的取食效率，在食物短缺的冬季，这对其生存是不利的。观察发现，鼩鼱大脑缩小幅度最大的脑区是新皮层，而新皮层与哺乳动物的高级认知功能是相关的。

科学家用核磁共振技术扫描了鼩鼱的大脑，发现其大脑体积确实到了秋冬季就会缩小，尤其是位于大脑外层的皮质部分，在冬季可持续收缩，厚度比夏季时减少了约 10%。研究人员进一步定位鼩鼱大脑缩小的区域，发现缩小的脑区是能量需求最旺盛的部位。这个部位的厚度在冬季减少了约 28%，神经细胞的数量也大幅减少，这样就可以大大降低能量消耗。

研究人员还发现，到了夏季，鼩鼱的体感皮层厚度增加了 29%，神经细胞的数量比冬季时增加了 42%。所以，在食物丰盛的夏季，鼩鼱可以通过精细敏感的触觉选择喜食的食物；在食物匮乏的冬季，体感皮层检测触觉信号的阈值降低，鼩鼱就不再对食物进行过多选择。

鼩鼱的这些变化都是为了顺利越冬。相关的研究成果除了增加人们对动物生存策略的理解外，对生物医学上骨质疾病的治疗等也有启发意义。

● 鼩鼱   鼩鼱的头骨具有"热胀冷缩"的"超能力",其在冬季
                      会缩小,到次年春季又会恢复到原来的体积。

散装动物学:
你不知道的奇妙冷知识

双蛙傍地走，

超声辨我是雌雄

凹耳蛙由中国科学家在 1972 年和 1974 年春夏季节发现，并于 1977 年被定名为"凹耳蛙"，在分类学上属于两栖纲无尾目蛙科臭蛙属。

凹耳蛙因鼓膜凹陷而得名。雌蛙的鼓膜微凹陷，离外侧体表很近。雄蛙的鼓膜凹陷明显，耳孔直径约为 2.2 毫米，呈一个略向前斜的外耳道，鼓膜深陷于耳道的远端。雄蛙还有一对咽侧下外声囊。凹耳蛙的体长、头长、吻长、后肢长等形态学指标，雌性的都比雄性的大。

凹耳蛙是中国的特有种，分布于中国安徽的黄山和泾县、浙江的建德和安吉等地，栖息在海拔 380 ～ 700 米的山溪附近。在自然环境中，凹耳蛙白天隐藏在石头缝隙或土洞内，夜晚常匍匐在山溪两岸的灌木细枝、矮草枝或草丛中，以及溪中岩石和水边沙滩等，主要以捕食昆虫为生。

凹耳蛙是第一个被证实能以超声信号通信的非哺乳类脊椎动物。声音是两栖类动物基本的交配展示方式。蛙类发出的声音不仅用于与潜在的交配对象进行交流，雄蛙的鸣叫声也向其他雄性宣告了自己的领域位置、战斗力和身体大小等相关信息。

不过，凹耳蛙在使用声音求偶时碰到了"麻烦"。凹耳蛙的繁殖季节是每年的4—6月，这段时间正值阴雨连绵，雨量充沛，山涧溪流湍急。溪流撞击岩石持续产生的高强度噪声，以及湍流和瀑布造成的非生物源环境噪声，对凹耳蛙的声音通信产生了严重的干扰。于是，凹耳蛙产生了一种独特的声音通信方式——超声通信。

在野外，凹耳蛙在繁殖季节会不时地发出"吱、吱"的鸣叫声，声音细而尖，像钢丝摩擦发出的声音。凹耳蛙的鸣声响亮，音节有长短变化：单鸣一声时，以长音节居多，也有短音节；连鸣两声时，均为短音节；偶尔连鸣三声，也都是短音节。

科学家出于好奇录制了凹耳蛙的鸣叫声，分析结果令人惊奇——雄性凹耳蛙的叫声中竟然包含了超声。雄蛙的听觉频率范围的上限可达34千赫，鸣叫声中可听的声频谱与环境的噪声频段不重叠（噪声频率一般小于20千赫）。凹耳蛙的鸣叫主频与环境噪声强度具有显著的相关性，科学家认为，凹耳蛙的高频听觉可以避开高强度低频环境噪声的掩蔽作用，是一种为适应噪声环境而采取的通信交流方式。

蛙类在求偶时，雄蛙的叫声通常占主导地位，其叫声可表明其体质的优越；而雌蛙一般较为被动，只会偶尔产生弱的应答声或轻击声。科学家研究发现，雌凹耳蛙在排卵之前，会发出短促而高频的声信号，这种声音明显不同于雄蛙的鸣叫声。科学家通过回放雌凹耳蛙的叫声来检测雄蛙的反应，发现雄蛙在听到雌蛙叫声后，经常会调准朝向，以非凡的精确度长距离地跳向雌蛙声源。这说明雌蛙的叫声不仅向雄蛙显示了自己准备接纳的生理状态，还表明了其所在的位置，所以雌蛙的叫声具有求偶功能。

科学家反过来将雄凹耳蛙的求偶声回放给雌蛙听，结果发现，雌蛙对正常频率范围的叫声有反应（雌凹耳蛙的听觉频率范围上限为 16 千赫），但对超声范围（频率高于 20 千赫）的求偶声则没有反应。所以，雌凹耳蛙的鼓膜对超声不敏感，不具备超声听觉。

由此可见，凹耳蛙的听觉存在显著的性别差异——雄蛙进化出了超声听觉，而雌蛙则听不见超声。动物听觉系统在性别间有如此大的差异，凹耳蛙还是脊椎动物中的第一例。

● 凹耳蛙　　　　凹耳蛙是我国特有种，因鼓膜凹陷而得名。在脊椎动物中，凹耳蛙是第一种被发现听觉系统存在明显性别差异的动物。

　散装动物学：
　你不知道的奇妙冷知识

世界上有一种动物，既不患癌症也感受不到疼痛，这就是裸鼹形鼠。

裸鼹形鼠体形不大，体重约为 35 克，身体几乎无毛，长相有点丑陋。它们终生生活在地下 0.5 ～ 2.5 米的洞道内，寿命可达 32 年，是啮齿动物中寿命最长的物种。

为什么裸鼹形鼠会失去感受疼痛的能力？这是因为裸鼹形鼠皮肤上的触觉感受器缺少一种传导痛觉的物质——神经肽。有学者认为，洞道内高浓度的二氧化碳很可能是一种重要的自然选择压力。在裸鼹形鼠生存的地下洞道内，二氧化碳含量很高而氧气含量很低（只有 10% ～ 15%），这种低氧的条件摊在其他动物身上往往会导致大脑损伤，甚至会危及生命，而裸鼹形鼠似乎很适应这样的生存环境。研究发现，裸鼹形鼠的血红蛋白对氧气具有高亲和能力，脑组织对缺氧条件也具有很强的耐受性。在洞道内的极端条件下，裸鼹形鼠疼痛感受器被酸性物质活化的能力受到抑制，更进一步地，其周围神经系统和中枢神经系统释放神经肽类物质的能力也被抑制。

进化过程使得裸鼹形鼠"关闭"了对其生命活动没有绝对必要性的生理功能，其中就包括了神经受体的感受能力。因此，尽管裸鼹形鼠失去了痛觉，但这对其生存没有造成威胁。

裸鼹形鼠还具有超强的抗癌能力。研究发现，在自然环境中，裸鼹形鼠的细胞没有癌化的现象。科学家曾使用多种致癌物质试图诱导裸鼹形鼠的细胞发生癌变，但都没有成功。

裸鼹形鼠能够抵抗癌症，主要原因是其体内具有一种被称为"早期接触性抑制"的机制，即当细胞的密度较高时，细胞会进行自我调节以抑制其继续分裂，从而抑制肿瘤的发生。

科学家发现，这种机制是由一种透明质酸引发的。透明质酸是普遍存在于哺乳动物细胞间质中的非蛋白结合因子。在正常组织中，透明质酸以高分子链的形式存在，具有抑制有丝分裂、抗炎和抗肿瘤的作用。裸鼹形鼠体内的高分子透明质酸含量，是人类和其他啮齿动物的 5 倍之多。

相貌丑陋、拥有抗癌机制的裸鼹形鼠，在行为、生理和生态学等方面独具特色，不仅丰富和加深了人们对动物适应环境能力的理解，还为人类在攻克癌症、研发止痛药、抵抗衰老等方面的研究提供了新思路。

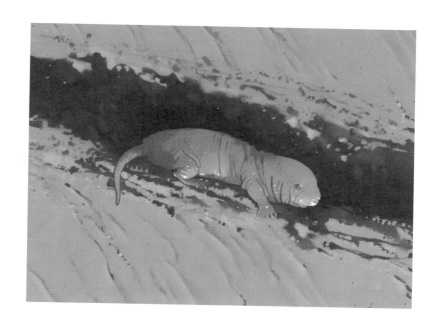

● 裸鼹形鼠　　　　　裸鼹形鼠终生生活在洞道内，全身无毛，长相丑陋。但
　　　　　　　　　　它们感受不到疼痛，也不会患上癌症，着实让人羡慕。

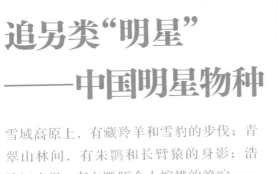

追另类"明星"
——中国明星物种

雪域高原上，有藏羚羊和雪豹的步伐；青翠山林间，有朱鹮和长臂猿的身影；浩浩江水里，有白鱀豚令人惋惜的绝响……我国幅员辽阔，资源丰饶，造就了丰富的动物多样性，也孕育了许多极具代表性的明星物种。

来，盘点一下关于明星物种的
N 个冷知识吧。

大熊猫 ———

大熊猫虽然以竹子为食，但它们的身体结构仍然保留了食肉动物的"配置"，比如肠道相对较短、没有盲肠等，其肠道微生物的组成也跟食肉动物很相似。

大熊猫 ———

如果动物们有每日步数排行榜的话，大熊猫大概会排在"吊车尾"的位次——野生大熊猫每天有超过一半的时间在休息，每小时的平均移动距离只有 20 多米。

亚洲象 ———

亚洲象经常取食农作物和经济作物，它们对这些作物成熟的时间和地点"门儿清"。作物一成熟，它们就去了，待个几天再走，过一阵子还来——这番习性，似乎主打的就是一个跟人类抢粮食。

朱鹮

优雅窈窕的朱鹮其实是肉食性鸟类，且捕食相当生猛。它们的喙具有感应食物活动的功能，任何蠕动的活物引起的震动，朱鹮都能感受到。

麝

在宫斗剧中经常出现的麝香，顾名思义，正是麝身上分泌的带有浓郁香气的一种物质。不过，麝香对我们来说似乎很神秘，对麝来说，只不过是用于个体间通信的一种普普通通的化学物质而已。

白鱀豚

白鱀豚睡觉时，两个半球的大脑是轮流进入睡眠状态的，即当一半大脑睡觉时，另一半大脑还处在清醒状态，隔一段时间后再互换状态。

藏羚羊：

我为可可西里代言

　　青藏高原上有一个叫可可西里的地方，那里平均海拔在5 000米左右，因自然条件严酷，受人类活动干扰较少，而被称为无人区。可可西里基本还保持着原始的自然环境，是当今世界上难得的一片净土，其大气中的总悬浮微粒和总氟化物含量都在国家一级标准范围内。

　　可可西里特殊的环境条件，塑造了这一地区特殊的植被区系和动物区系。可可西里的植被区系属于中国植被区划中的青藏高原高寒植被区，主要包括高寒草原地带、高寒灌丛草甸地带和高寒草甸地带等。植被类型主要有高寒草原、高寒草甸和高山冰缘稀疏植被，还有沼泽草甸、河谷草甸灌丛和山地灌丛等其他植被类型。

　　可可西里的动物区系属于中国七大动物地理分区中的青藏区一级区划。高寒草原、高寒草甸是野生动物分布最为集中的两种生态系统类型，也是青藏高原特有食草动物（如藏羚羊、野牦牛、藏野驴、藏原羚等）和大型食肉动物（如狼、棕熊等）集中分布的栖息地。

　　根据1990年可可西里综合科学考察队的考察报告，可可西里的野生植物资源较丰富，有高等植物210余种，其中青藏高原

● 藏羚羊   藏羚羊是可可西里众多珍稀物种中最广为人知的一种。
可可西里栖息着 19 种珍贵、稀有与特有的哺乳动物，它
们不仅是中国宝贵的自然遗产，也是全世界的共同财富。

特有种 84 种，约占该区全部植物的 40%。

栖息在可可西里的珍贵、稀有与特有哺乳动物有 19 种，如盘羊、藏狐、棕熊、雪豹、高原兔、高原鼠兔、松田鼠等，其中 11 种为高原特有物种。可可西里是青藏高原少见的尚有大量野生有蹄类动物生活的区域，尤其是藏野驴、野牦牛、藏羚羊、藏原羚这 4 种特有的有蹄类。它们不仅是中国宝贵的自然遗产，也是全世界的共同财富。可可西里还生存着 48 种鸟类。

20 世纪 80 年代，这片净土因数万名淘金者的侵入而打破了多年的沉寂。淘金者肆无忌惮地破坏着这里脆弱的自然环境。科研人员早就提出警告：一旦自然环境的某个环节受到破坏，生态系统将很难再恢复，尤其是植被，一旦被破坏将会给栖息在这里的珍稀特有野生动物的生存带来严重威胁。

在可可西里的众多珍稀物种中，知名度最高的当属藏羚羊了。藏羚羊属于草食性有蹄类动物，每年都要进行长距离的迁徙，以满足其觅食和繁殖的需要。

青海可可西里的湖盆地区是目前已知最大的藏羚羊集中繁殖地。每年初夏，雌藏羚羊从阿尔金山、羌塘和可可西里东部地区向该区腹地的卓乃湖和太阳湖一带集中迁徙并在此产崽。据报道，仅卓乃湖一地，每年就有超过 1.6 万只雌藏羚羊在此集中产崽。繁殖结束后，雌藏羚羊会带着它们的幼崽返回到冬季栖息地。这种每年长距离往返于繁殖地和越冬地的迁徙模式，在其他大规模迁徙的哺乳动物中是少见的。关于藏羚羊迁徙的原因，学术界迄今未知。

藏羚羊具有适应高寒、缺氧等严酷环境的特殊生理机制，其绒毛轻软纤细，保暖性极强，被誉为"羊绒之王"，用藏羚羊绒做成的披肩被西方社会认为是上等的奢侈品。近 20 年来，藏羚

散装动物学：
你不知道的奇妙冷知识

羊因其绒毛特殊的经济价值而遭到了盗猎者的疯狂猎杀，导致藏羚羊数量急剧下降。

藏羚羊的悲惨遭遇受到了全世界的关注，藏羚羊已被中国列入国家一级保护动物名录和《濒危野生动植物种国际贸易公约》的附录 I 中。可喜的是，近年来经过各方努力，通过建立保护区、成立专业保护队伍等多项措施，可可西里的盗猎现象得到了遏制，藏羚羊的数量也渐渐恢复并增加起来。2017 年，青海可可西里被联合国教科文组织收录进《世界遗产名录》，成为世界上海拔最高、面积最大的世界自然遗产地之一。

我，

雪豹，

高原雪山之王

雪豹是一种外形特征明显的大型猫科动物，在分类学上属于食肉目猫型亚目猫科豹亚科豹属。雪豹被世界自然保护联盟濒危物种红色名录评估为易危物种，在我国，雪豹被列为国家一级保护动物，在中国脊椎动物红色名录中也被评估为易危物种。

雪豹体长为 110 ~ 130 厘米，肩高为 55 ~ 60 厘米，尾长为 80 ~ 110 厘米，体重为 38 ~ 55 千克，有报道称雄豹体重可达 75 千克。雪豹雄性体形大于雌性。雪豹的尾巴又粗又长，差不多跟身体一样长，据推测具有保持身体平衡和保暖等功能。

雪豹的整体毛色为浅灰色，上面散布着黑色的斑点、圆环等，腹部毛色为白色，双耳圆而小。与其他大型猫科动物相比，雪豹的四肢相对身体显得较短。雪豹一般栖居在空旷、多岩石的地方，祁连山海拔 3 100 ~ 4 500 米的山脊、珠穆朗玛峰北坡 5 400 米高的雪地上，都有雪豹的足迹。雪豹全身的毛色与斑纹使其能够完美融入栖息环境中，大大降低了自身被发现的概率。

在我国，雪豹的分布区域很广，包括青藏高原、帕米尔高原、蒙古高原、阿尔泰山脉、天山山脉、昆仑山脉、祁连山脉、横断山脉、喜马拉雅山脉等。雪豹除在我国分布外，在蒙古、俄罗斯、哈萨克斯坦、印度、尼泊尔、不丹等 11 个国家都有分布记录。

● 雪豹　　　　　　雪豹是青藏高原食物链最顶端的物种和旗舰物种，有"高原雪山之王"之称，保护雪豹对于维持高原生态系统的稳定具有重要意义。

雪豹大多栖息在高海拔的生态环境中，喜欢在陡峭地形中活动，如高山流石滩、高山草甸、山脊、陡崖等。短粗健壮的四肢及长而有力的尾巴，让雪豹在陡峭的岩石间行动自如。

据统计，现在全球雪豹的数量为 4 000 ～ 6 500 只，其中超过半数分布在我国境内，因此，我国是雪豹栖息地面积最大和种群数量最多的国家。近年来，在青海三江源国家公园、四川贡嘎山国家级自然保护区、四川卧龙国家级自然保护区、四川甘孜新龙县等多地，我国学者都曾用红外相机拍摄到了雪豹活动的影像。有趣的是，人们可以在同一地点拍摄到雪豹和豹两个物种的活动。

分子生物学证据表明，雪豹起源于青藏高原，在现生猫科动物中与虎的亲缘关系最近，两个物种大约在距今 200 万年前开始分化。

雪豹的"食谱"很是多样，它们主要捕食有蹄类动物，也捕食鸟类和旱獭、鼠兔、野兔这样的小型哺乳动物等。我国分布的雪豹主要捕食岩羊和北山羊这两种大型有蹄类食草动物。至于雪豹的"食量"，曾有学者估计，一只雪豹一年的猎物为 20 ～ 30 只成年岩羊，或 12 ～ 15 只北山羊。也有报道称，一只雪豹一个冬季可以捕食一头雌牦牛，至少 95 只羊。

雪豹每胎产 2 ～ 3 只崽，最多可达每胎 6 只。初生的幼崽体重为 300 ～ 600 克，5 ～ 15 天后才睁眼，一般 3 ～ 4 个月后便可随母豹离开洞穴捕食。雪豹 1 岁时的体重可达 25 ～ 30 千克，1.5 ～ 2 岁开始独立，向外扩张并确定自己的领地。雪豹的性成熟年龄为 2 ～ 3 岁，4 ～ 12 岁是雌性雪豹的最佳繁殖期。雪豹一般在隐蔽性较好的岩洞或岩壁下的窝中休憩和哺育幼崽。雪豹的野外寿命为 10 岁左右，在动物园可达 21 岁。

当今，雪豹的种群数量在不断减少，主要原因包括食物资源的短缺、栖息地环境的丧失、全球气候变化等。比如，人类活动的干扰等多种因素导致北山羊等猎物的数量下降，人类饲养的家畜侵占了雪豹栖息地，等等。

　　在生态系统中，雪豹一般位于食物链的顶端。作为顶级捕食者，雪豹对生态系统结构与功能的维持具有重要作用。比如，雪豹对猎物的直接捕食，以及对其他动物物种的间接影响等，可以调控食物链中食草动物的种群数量，而食草动物的数量进一步对作为初级生产者的植被产生影响。所以，雪豹的存在，被认为是高原生态系统结构完整性和功能健康程度的一个指标。

大熊猫：

我虽然吃素，

但我不是"吃素"的

　　大熊猫是我国的特有物种，被誉为我国的"国宝"。据考证，大熊猫已有 800 万年的生存历史了。在距今 1 万多年前的第四纪冰期之后，大熊猫－剑齿象动物群衰落，其中的大多数动物都已绝灭。因此，大熊猫被科学家誉为"活化石"。

　　在大自然的选择压力之下，大熊猫能够跨越 800 万年的漫长岁月繁衍至今，这其中一定有很多有趣而神秘的"绝招"。比如，大熊猫是如何从肉食爱好者转变为素食动物的？为了吃素，它们在形态和生理上做出了哪些改变？

　　在系统分类上，大熊猫属于食肉动物，但其食性已高度特化为以竹子为食。从解剖学特征看，大熊猫的消化道结构总体上仍然与食肉动物类似，比如肠道相对较短、结构简单、没有盲肠等。但是，竹子中的纤维素含量很高，而食肉动物的消化系统不能消化食物中的纤维素和木质素等。那么，大熊猫是怎么解决这个问题的呢？

　　首先，从身体结构上来看，大熊猫的牙齿发生了特化，比如臼齿增大、齿冠具有复杂的磨面、齿根相对较长等，这些特征有利于咀嚼纤维素含量高的竹子。大熊猫身上还有一个很有趣的结构，叫作伪拇指。大熊猫的前肢腕部发生了特化，桡侧腕骨较为

● 大熊猫

大熊猫是我国的特有物种，也是我国的"国宝"。它们从 800 万年前生存至今，从"无肉不欢"转变为以竹为食，但身体结构和一些生理特征仍然保留了食肉动物的"身份"。

发达，上面附着类似其他动物拇指的肌肉，使得桡侧腕骨可以像大拇指一样灵活地抓握竹子，所以被称为"伪"拇指。有了伪拇指的帮助，大熊猫在摄食时就可以牢牢抓住食物，保证能量获得和营养获得的最大化。

其次，在消化生理学方面，大熊猫消化道内的微生物在消化纤维素方面发挥了重要作用。科学家发现，大熊猫的消化道中存在能够消化纤维素和半纤维素的梭菌，肠道微生物中含有纤维素酶等。有意思的是，大熊猫肠道微生物的组成在整体上与食肉动物很相似。

2019 年的一项研究进一步阐述了大熊猫肉食性的特点。与其他哺乳动物相比，大熊猫全年取食食物的营养组成比（或能量比）与食肉动物更为接近——有一半左右的能量来源于蛋白质。此外，大熊猫乳汁中的营养物质组成比也与食肉动物很相似。

能量和营养的获得，对动物的生存和繁殖活动是至关重要的。由于消化道结构和功能等原因，大熊猫对竹子的消化率很低，仅为 17%。同时，食物在其消化道内的停留时间相对较短，仅为 8～9 小时。所以，大熊猫每天必须大量进食，它们每天取食竹子 10～20 千克，这就是大熊猫获得能量和营养的策略。

科学家采用现代能量测定方法发现，大熊猫的每日能量消耗很低。由于大熊猫以竹为食且消化率很低，所以保持低能量消耗水平对其生存是有利的。

但是，另一个问题随之而来：大熊猫是恒温动物，保持恒定的体温需要消耗很多能量，以它们如此低的能量消耗水平，如何满足体温调节的需要呢？

为此，大熊猫采用了综合策略，它们在形态、行为、生理、遗传和基因组等多个方面进行相应调节，保证其具有维持较低能量代谢水平的能力。在形态学上，一些能量消耗器官（如大脑、肝脏和肾脏等）趋于缩小。在行为学上，大熊猫降低了活动水平，减小了活动范围，这样可以节省大量能量。科学家利用无线电遥测技术发现，野生大熊猫每天有超过一半的时间在休息，移动距离平均每小时只有 20 多米。

大熊猫还可以通过激素调节维持低能量代谢水平。动物的代谢水平与其甲状腺激素水平密切相关，大熊猫的甲状腺激素水平很低且具有遗传学基础。大熊猫的毛皮很厚，具有良好的保温性，使得体内的热量不容易散失，所以大熊猫的体表温度与环境温度比较接近，这也进一步避免了热量散失。

有群孔雀，

在水一方

全世界有 3 种孔雀——绿孔雀、蓝孔雀、刚果孔雀。其中，在我国有分布的只有绿孔雀，这也是我国唯一的本土原生孔雀。

绿孔雀是国家一级保护动物，世界自然保护联盟将绿孔雀列为全球濒危物种。绿孔雀属于鸡形目雉科孔雀属，是现存雉类中体形最大的一种陆生禽类，其体重一般为 3 850 ～ 5 000 克，体重最大的有 7 700 克。雄性孔雀的体长一般为 180 ～ 250 厘米，雌性孔雀的体长一般为 100 ～ 110 厘米。

绿孔雀一般在晨昏觅食，食性较杂，动植物通吃。它们既取食植物的花、果实和种子，也取食白蚁、蟋蟀、蚱蜢、金龟子、蝶和蛾等昆虫，甚至有报道称绿孔雀可取食青蛙或蛇。

绿孔雀生性机警胆小，很少单独活动。它们活动时一般是 2 ～ 10 只结成群，多为 1 只雄孔雀带领几只雌孔雀或幼年孔雀。活动群体的大小随季节而有所变动，一般在冬天会集成大群，其余季节则以家族群为单位分散活动。绿孔雀翅膀短圆，不擅长飞行，倒是很擅长奔走。到了晚上，绿孔雀一般栖息在 10 多米高的树上。

绿孔雀的婚配制度为典型的一雄多雌制，在云南的繁殖时间通常为每年的 3—6 月。我们熟知的"孔雀开屏"，说的就是

散装动物学：
你不知道的奇妙冷知识

● 绿孔雀　　　　　绿孔雀是我国唯一一种本土原生孔雀，目前仅分布在我国云南省中部、南部和西部。它们钟爱水源附近的栖息地，对水源的依赖性很高。

雄孔雀在求偶时的一种行为。进入繁殖季后，雄孔雀会跟随雌孔雀，求偶时展开尾屏，展示耀眼的羽扇，并开始舞动回转，舞蹈可持续几十分钟之久。绿孔雀不擅长营巢，一般在茂密的灌木丛或高高的草丛间做一个浅坑，里面铺上杂草、枯枝、落叶和羽毛等，就权当是巢了。雌孔雀产卵一般在黎明，一窝产五六枚卵。孵卵的工作由雌孔雀单独承担，孵化时间为 27 ～ 30 天。雄性幼孔雀一般需要经过 3 年的时间才能长出与成年孔雀相同的体羽及尾屏。

绿孔雀对水源地有着非常强的依赖性，清洁充足的水源对绿孔雀的生存是必不可少的，所以它们的活动范围距离水源地都很近。野外调查表明，绿孔雀喜欢利用河流边的生境，同一片区域内，河流附近的绿孔雀种群密度要比其他生境的种群密度高出数倍。绿孔雀对栖息地的利用也有明显的季节差异，雨季的活动区较分散，旱季时则会相对集中。

有意思的是，一些研究发现，尽管绿孔雀喜欢栖息在距离水源较近的地方，但它们更偏爱生活在干燥和开阔的热带落叶林中。这些环境隐蔽性好，也没有人类干扰。

历史上，绿孔雀曾分布于我国湖南、湖北、四川、广东、广西和云南等地，至 20 世纪初，云南东北部及其他省份的绿孔雀都已绝迹。现今，绿孔雀在我国的分布区急剧缩小，仅分布在云南省的中部、南部和西部地区，栖息地也呈现破碎化状态。科学家在 1991—1993 年的调查结果显示，我国野生绿孔雀的数量为 800 ～ 1 100 只；2015—2017 年的调查结果表明，绿孔雀种群数量下降到了 235 ～ 280 只，并呈现出小家族群的点状隔离分布状态。栖息地的碎片化和小家族群的分布特点是制约绿孔雀种群发展的两个重要因素。

散装动物学：
你不知道的奇妙冷知识

很遗憾，迄今我们对绿孔雀的生物学和生态学习性的了解还很少，只有了解了其野外行为特征和生理适应等特性，才能有效地对其进行保护。

"采食大盗"

亚洲象

我国云南生存着一种大象——亚洲象。亚洲象属于哺乳纲长鼻目象科亚洲象属，象科包含2属3种，分别是非洲象属的非洲草原象和非洲森林象，以及亚洲象属的亚洲象。

亚洲象主要分布在亚洲南部，其栖息环境为热带雨林、热带季雨林和常绿阔叶林等。有学者研究发现，亚洲象喜欢海拔1 000米以下的低海拔地区，尤其是坡度小于10度、坡位为平坦的沟谷和山坡的下部的地区，偏好竹阔混交林、灌丛和高山草甸等植被类型。据统计，全世界野生亚洲象的数量为36 790～51 160头，其中分布在印度的数量最多，因而亚洲象又被称为印度象。亚洲象被世界自然保护联盟列为濒危物种，在我国也是国家一级保护动物。根据2018年的调查结果，我国现存的亚洲象种群数量约为293头，主要分布在云南西双版纳傣族自治州、普洱市和临沧市等。

亚洲象体形巨大，身体呈灰棕色，前额有一左一右两大块隆起，俗称"智慧瘤"。雌象的肩高为2.24～2.54米，体重为2 720～4 160千克；雄象的肩高约为3.2米，体重约为5 400千克。亚洲象最醒目的部位莫过于长长的鼻子和长长的象牙。鼻子是它们取食和吸水的工具，也是自卫的武器。大象的鼻子由4

● 亚洲象　　　　　　我国境内的亚洲象主要分布在云南西双版纳、普洱和临沧等地。亚洲象是国家一级保护动物，也是世界自然保护联盟列为濒危等级的物种。

万多块肌肉组成，有丰富的神经，对气味特别敏感。雄象的口中有一对终身不断生长且永不脱换的长长的大门齿，那就是人们常说的象牙。象牙一般长 2 米左右，单个象牙的质量可达 30 ～ 40 千克。

亚洲象很聪明，大脑发达，它们的大脑质量可达 5 千克，这是现存陆地动物中质量最大的大脑。亚洲象会使用工具，我们有时会看到它们用鼻子卷起树枝，或者左右抽打身体以驱赶寄生虫，这本质上都是使用工具的表现。

亚洲象是群居动物，象群由具有血缘关系的雌象组成，由一头年长的雌象担任象群首领。它们每天的活动时间、觅食地点、行动路线和栖息场所等都由首领来指挥。雄象在成年后就离开象群。亚洲象象群内的个体间具有合作行为，也会互帮互助，这有利于它们寻找食物和水源，以及躲避捕猎者和照顾后代。亚洲象的视力不好，但听觉和嗅觉发达，象群个体之间的交流主要靠声音和气味。

亚洲象的雌性成年个体和未成年个体选择集群采食，成年雄象一般单独采食。亚洲象采食农作物的行为主要发生在夜晚，每到天黑时就出来采食，天亮时就回到附近的森林中，真正遵循了"日落而出，日出而归"的特点。

亚洲象多在夜晚采食的现象，可以从它们的体形特征来解释。亚洲象体形巨大，体表面积与体积的比例小，在高温环境中面临散热的压力。由于缺乏汗腺，亚洲象不能靠排汗散热，但可以通过行为（如泥浴等）进行体温调节。亚洲象的大耳朵除了能驱赶蚊虫和寄生虫外，还可以增大散热面积。亚洲象体毛稀少，对寒冷和炎热的耐受能力都不高，所以觅食时间多选择在清晨和晚间，尤其是夜晚。

散装动物学：
你不知道的奇妙冷知识

亚洲象经常取食农作物和经济作物，如水稻、玉米、甘蔗、香蕉、甜瓜等，这造成了日益严重的人象冲突。令人惊奇的是，大象能准确地知道各种农作物成熟的时间和地点。每年在水稻、玉米等成熟时，象群就在每处农田附近停留 4 ~ 8 天，隔一段时间还会再来。

亚洲象食量巨大。野外观察发现，亚洲象每天采食的新鲜食物达 150 千克，但它们对食物的消化效率不高，约为 40%。亚洲象的代谢率也不高，仅为体重预期值的 90%。

历史上，亚洲象在我国曾有广泛的分布，人们在河南和河北都发现了亚洲象的化石。亚洲象向南消退的原因，学者认为主要是人口的增长。人类经济活动（如大规模森林砍伐、农田开垦等）以及气候变化等原因，使得如今亚洲象的栖息地呈高度破碎化，严重影响了大象的生存。另外，盗猎现象也是导致象群数量下降的一个重要原因。据报道，自 1998 年至今，我国境内非自然死亡的亚洲象有 50 多头，多为猎杀死亡。也有数据表明，我国境内野生的成年雄性亚洲象数量已经不足 20 头。

东方朱鹮，

孤羽重生

朱鹮又称朱鹭、红鹤，是鹮类中的珍贵物种，属于鹳形目鹮科朱鹮属。朱鹮羽毛洁白，头冠艳红，长嘴黑色，双脚修长，是中等体形的涉禽。仅从外观上看，人们不易区分雌雄朱鹮。朱鹮是世界上最濒危的鸟类之一，是国家一级保护动物，被誉为"东方宝石"。

据记载，朱鹮在历史上曾广泛分布于亚洲东部，包括中国、日本、朝鲜半岛、俄罗斯东部。20世纪50年代起，环境污染、人为猎杀、食物资源短缺、树木砍伐等因素，使得朱鹮栖息地破碎化；农药滥用、湿地面积减少、繁殖力下降等因素，使得朱鹮种群逐渐衰退，相继从俄罗斯、朝鲜半岛、日本等地消失。中国科学家经过长达3年、行程5万多千米的考察，于1981年在陕西洋县重新发现了7只野生的朱鹮。1983年后，其他国家再没有见到朱鹮。

我国相关部门制定和采取了多种强有力的保护政策和措施，经过几十年的努力，朱鹮种群逐渐壮大起来。2016年年底，人工饲养的朱鹮数量达到1000多只，野外朱鹮的数量超过2000只。世界自然保护联盟已于2001年将朱鹮从极危级降为濒危级。

朱鹮一般栖息在海拔1200～1400米的疏林地带，在高大

● 朱鹮 　　朱鹮主要分布在亚洲东部，被誉为"东方宝石"。朱鹮
　　　　　是世界上最濒危的鸟类之一，20世纪80年代初，朱鹮
　　　　　种群只有我国陕西洋县的7只。经过几十年的不懈努力，
　　　　　目前野外朱鹮的数量已有数千只。

的树木上休息和筑巢，在附近的沼泽地、水田边和溪流浅滩等近水处觅食。朱鹮为肉食性鸟类，主要捕食湿地中的鱼类、蛙类、田螺、水生昆虫等。

朱鹮的觅食方式属于探测性觅食，即在觅食时慢步轻脚行走，用长而弯的喙不停地插入水中和泥中探测食物。朱鹮的喙具有感应食物活动的功能，任何蠕动的活物引起的震动，朱鹮都能感受到，从而迅速捕食。对于小猎物，朱鹮通常在捉到后立即吞食；对于夹在嘴尖上的小螃蟹、小泥鳅等食物，朱鹮会将其抛到空中10～15厘米高处，然后灵巧准确地接入口中；对于更大一点的食物，朱鹮会采用猛啄、抓、撕等方法，将猎物击昏或撕成碎块，然后取食。这种捕食能力，朱鹮需要从小就学习和练习。

朱鹮具有营巢的习性，巢多位于山腰的阳坡或半阳坡的山脚、山脊部，这些地方阳光足、通风好。营巢的树种一般树干高大，树冠明显，枝叶茂盛。比如：在秦岭南坡，它们多选择高大的油松、马尾松、栓皮栎等；在秦岭北坡，它们多选择杨树、国槐、刺槐等。研究发现，水田面积、营巢树高度、海拔、人为干扰等对朱鹮的巢址选择有较大影响，而巢向、坡向、坡度等影响较小。在野外，黄鼬、苍鹰等会对朱鹮的生存造成威胁，王锦蛇也会危害其雏鸟。

繁殖期的朱鹮领域性较强，在地盘这个问题上显得非常霸道，通常一对朱鹮会占据一整条山沟。朱鹮的繁殖领地是以巢树为中心，半径为50米的圆形区域。朱鹮实行一夫一妻制，繁殖过程中雌鸟和雄鸟都参与筑巢、孵化、育雏等活动。朱鹮配对时，雄鸟要比雌鸟大1～2岁或更多，科学家推测雄鸟的生活经验有助于生存和繁殖。

据科学家野外观察，朱鹮一般在3月或4月初产卵，年产1窝，窝卵数为1～4枚（多为3枚，也有5枚的情况）。朱鹮为异步孵化，第一枚卵产出后，亲鸟就开始孵卵，孵卵期间雌雄亲鸟会轮流卧巢孵卵。朱鹮卵的孵化期一般为 28 天左右。朱鹮雏鸟出壳后无法独立觅食，仍然需要亲鸟喂养。

　　我国在朱鹮保护方面积累了丰富的经验，也取得了较为成功的结果。尽管朱鹮的数量增加了，分布区域扩大了，但还没有彻底摆脱濒危的情况。因此，保护朱鹮依然任重道远。

追另类"明星"——中国明星物种

长臂猿：

南方原始森林里的

人类近亲

长臂猿是小型猿类，也是典型的树栖生活物种，主要分布在东南亚的热带和亚热带常绿阔叶林中。长臂猿与黑猩猩、猩猩、大猩猩同属于类人猿，因臂长而得名。长臂猿的臂长于身，无尾，肩关节和腕关节活动灵活，以独特的方式栖息于林冠上层，极少下地活动。长臂猿曾在我国广泛分布，分布地最北可达华北平原，目前主要分布在我国云南、海南、广西等地。

学者将现生的长臂猿分为 4 属——冠长臂猿属、长臂猿属、合趾猿属和白眉长臂猿属，共包含 17 个物种。中国的长臂猿有3 属 6 种，其中冠长臂猿属 4 种（西黑冠长臂猿、东黑冠长臂猿、海南长臂猿和北白颊长臂猿），长臂猿属 1 种（白掌长臂猿），白眉长臂猿属 1 种（白眉长臂猿）。这 6 种长臂猿都是国家一级保护动物。

长臂猿在身体结构和生理特征上与人类有许多相似的地方。比如：长臂猿有发达的大脑和神经系统，有 32 颗牙齿，只有一对乳头；血型可分为 A 型、B 型和 AB 型，只是没有 O 型；月经周期和人类的相差不多，都是 30 天左右；妊娠周期比人类的略短，为 210 天左右；细胞中的染色体数目和人类相近，基因序列与人类有 95% 的相似度。

长臂猿是我国南方原始森林的旗舰物种，是我国分布的
唯一的类人猿，也是我国近代历史上分布变化最明显、
灭绝最快的灵长类之一。

长臂猿喜食果实，"食谱"很丰富。以海南长臂猿为例，有研究发现，它们共摄食 132 种植物，其中乔木有 107 种，藤本有 21 种，草本仅有 4 种。海南长臂猿选择的食物类型主要是肉厚多汁的乔木熟果和藤本熟果，它们不吃未成熟的果实，取食嫩叶和花的植物种数也较少。研究人员在其食物来源中还发现了小鸟、鸟蛋、蜘蛛、白蚁和蛹等。

大多数长臂猿的婚配制为一雄一雌制，一个群体通常由一对成年雌雄个体和两三只后代个体组成，有的群体中有 2 只成年雄性个体或 2 只成年雌性个体。唯独黑冠长臂猿是个例外，其婚配制为一雄两雌制。野外观察发现，东黑冠长臂猿的一个群体包括 1 只成年雄性个体、2 只成年雌性个体、2～4 只亚成年个体和 1～2 只幼体。

成年长臂猿的雌雄个体都能发出连续洪亮的叫声，声音结构复杂而稳定，不同的种类叫声有差异。黑冠长臂猿的鸣叫特征与其他长臂猿差异明显，它们的鸣叫频率最高可达 4 千赫，其他长臂猿的鸣叫频率一般不超过 2 千赫。黑冠长臂猿的鸣叫声以雌雄长臂猿的二重唱为主，其他长臂猿则以雌性叫声为主，雌雄叫声差异较大。

作为我国唯一的类人猿，长臂猿是我国南方原始森林的旗舰物种，也是我国近代历史上分布变化最明显、灭绝最快的灵长类之一。据相关报道，白掌长臂猿可能已在中国消失，东黑冠长臂猿和海南长臂猿的数量都不足 30 只，东白眉长臂猿的数量不足 200 只，数量最多的西黑冠长臂猿也不过只有 1 000 多只。东黑冠长臂猿和海南长臂猿的处境都非常危险。

人类活动是导致长臂猿种群数量大幅下降的重要因素。长臂猿栖息地的丧失和退化导致其种群数量大幅下降和片段化分布。

例如，科学家调查发现，导致云南西双版纳地区北白颊长臂猿栖息地丧失的一个重要原因就是保护区外种植了橡胶树。毁林开荒、伐木和林下种植草果等，也是导致东白眉长臂猿栖息地丧失和退化的主要原因。有研究表明，海南长臂猿栖息地面积在1991—2008年的18年间减少了35%。所以，我们的当务之急是不断减少人类活动对长臂猿的干扰，以及进一步加强对长臂猿栖息地的保护。

麋鹿就是

"四不像"

麋鹿是我国特产物种，属于偶蹄目鹿科麋鹿属。麋鹿俗称"四不像"，所谓"四不像"，是指它的尾巴似马非马，蹄似牛非牛，角似鹿非鹿，颈似骆驼而非骆驼。实际上，麋鹿本身就是一种鹿，说它的角似鹿非鹿，主要是因为其角的形状与较为常见的梅花鹿等明显不同。

麋鹿是典型的湿地物种，生性好水，喜欢栖息在沼泽地带。麋鹿是草食性动物。研究者发现：北京南海子麋鹿苑的麋鹿，春季主要采食狗尾草、野苋菜、黑麦草等，冬季主要采食紫花苜蓿、狗尾草等；江苏大丰麋鹿国家级自然保护区的麋鹿，全年主要采食禾本科植物；而对于江苏盐城湿地珍禽国家级自然保护区的麋鹿来说，其冬季食物总量的 97% 为草本植物。

麋鹿是大型鹿类，体长约为 2 米，肩高约为 1.3 米。雄鹿体形大一些，体重约为 250 千克，有角；雌鹿体形较小，无角。雄性麋鹿在发情期凶猛好斗，会相互用角顶撞，也常常会互咬，甚至因此导致伤亡。

麋鹿的原产地大致在黄河流域。18 世纪北京南海子（又称南苑）建有皇家狩猎的围场，场内豢养着一群麋鹿。1865 年，法国传教士发现后将其介绍到国外。此后，欧洲一些动物园开始

● 麋鹿　　　　　麋鹿在我国的生存史颇具传奇色彩。它们原产于我国，种群数量曾极为繁盛，但在 20 世纪初，麋鹿在我国遭难，消失无存。直到 1985 年我国重新引进了麋鹿，这种俗称"四不像"的动物才重新在我国繁衍壮大。

饲养麋鹿。1894 年永定河洪水泛滥，冲垮了皇家狩猎场的围墙，麋鹿遭难。1900 年八国联军侵入北京，南苑的麋鹿被洗劫一空。

1898 年，英国乌邦寺搜集了来自世界各地的 18 头麋鹿，以半野生的方法圈养。世界各地后来分布的麋鹿都是由这 18 头麋鹿繁殖发展起来的。据统计，1971 年全世界的麋鹿总数约为 600 头，1978 年约为 900 头，1983 年约为 1 320 头。

1985 年我国重新引进了麋鹿，并建立了北京南海子麋鹿苑、江苏大丰麋鹿国家级自然保护区、湖北石首麋鹿国家级自然保护区等。2021 年，我国境内的麋鹿数量已经超过 1 万头。

据学者考证，历史上麋鹿在我国山西、东北、海南和上海等地都曾有分布。有研究者用现代基因数据推算，我国历史上麋鹿的种群数量曾突破 300 万头，在商周时期最为鼎盛。随着人类活动范围扩大，平原湿地面积逐渐减少，麋鹿的野外栖息环境逐渐丧失，主要食物也相应减少，到唐宋后麋鹿的数量急剧下降。从元朝到清朝的 600 多年时间里，麋鹿的种群数量一直维持在 300 头左右。

野生麋鹿灭绝的时间大约是晚清或清朝以后，最后灭绝的地区是中国东部的长江流域及其以南的某些地区。野生麋鹿灭绝的原因，有人为因素、自然因素和动物本身的因素，其中人为因素无疑是最重要的。人类对麋鹿栖息环境的破坏和侵占、对麋鹿的滥捕滥杀，以及近代史上西方列强的侵略和掠夺等，都是导致野生麋鹿灭绝的重要因素。

虽然当今麋鹿的数量已经很可观了，但麋鹿的发展前景依然存在很多让人担忧的地方。由于麋鹿长期在湿地环境中生活，它们逐渐形成了角的主干在前、分叉向后，尾巴比其他鹿类长，蹄的分叉较大等独有的特征。麋鹿宽大的蹄子增大了身体与湿地的接触面积，使其能够更好地在湿地中行走和奔跑，但这些形态特征也使得它们很难离开湿地环境，难以开拓新的生存环境。同时，麋鹿长期在圈养条件下由人工照料生活，几乎没有天敌的威胁，也不受冬季食物匮乏和自然灾害、疾病等的威胁，所以它们基本丧失了在野外生存的技能。目前，我国各保护区中的麋鹿面临着栖息地退化、种群密度过高等诸多不利境况，这使得当今的麋鹿种群依然面临严峻的生存压力。

麝：世界上

最"香"的动物

麝属于偶蹄目麝科麝属，是典型的小型林栖有蹄类动物，也是亚洲特有的一个类群。我国是世界上麝类资源最丰富的国家，共有原麝、马麝、喜马拉雅麝、林麝、安徽麝和黑麝6种麝，它们遍及大江南北，分布很广。比如：原麝主要分布在我国东北地区、新疆部分地区和山西，栖息在多岩石的红松阔叶混交林、针叶混交林中；马麝主要分布在甘肃、青海、宁夏、陕西等地，生活在高山针叶林和灌丛中；喜马拉雅麝主要分布在西藏喜马拉雅山脉南坡林区；四川的林麝主要栖息在阔叶林、次生灌丛、针阔混交林中，等等。这6种麝都是国家一级保护动物，在《中国濒危动物红皮书》中被列为濒危或易危等级。

麝与鹿科动物有较近的系统发育关系。麝是体形最小的鹿类动物，体长为70～100厘米，肩高为50～80厘米，体重为7～18千克，其中马麝的体形最大，林麝的体形最小。麝的雌雄个体外形相似，都没有角，吻端部有一黑色裸区（称为鼻镜），没有臀斑。雄麝的上犬牙发达，长为5～6厘米，裸露在唇外，很尖锐。

麝不挑食，喜食的植物有上百种之多。原麝在冬季取食的植物达46科66种。它们喜欢采食蛋白质含量高的植物，采食部位主要为植物木质化程度较低的当年枝顶端部分。原麝在冬季选择

- 麝　　　　　我国是世界上麝类资源最丰富的国家，分布有 6 种麝，它们都是国家一级保护动物。

高能量和高蛋白的食物，主要是为了满足自身生理需要，适应低温寒冷环境。原麝在夏季则偏好针阔混交林，且倾向于选择离水源近、远离人为干扰的上坡位。

研究人员在我国青海野外观察到，马麝的住所有主住所和临时住所之分。主住所较隐蔽，藏匿于阴坡浓密的灌丛之中，不易被发现，内部很简陋，没有铺垫物，有马麝自身脱落的毛和一些枝叶。临时住所更简陋，隐蔽条件很差。主住所与临时住所彼此串通，相距 80 ~ 130 米。

大多数人可能并不熟悉麝的这些特征，但一定听说过一种与麝渊源颇深的"神秘物质"——麝香。在许多宫斗剧中，麝香以其强大的避孕绝育功效而频频出现在剧情中。麝香确实来自麝这种动物，它是由雄麝外生殖器的麝香腺分泌的。

实际上，麝香是麝用于个体间通信的一种化学物质。麝的通信方式包括视觉、听觉、触觉和化学通信，以化学通信为主。麝身上含有许多腺体，如腓腺、尾腺、麝香腺等，它们大多是由皮脂腺衍生而来的，可以分泌外激素等信息化学物质，这类化学物质分子量小，易挥发。麝香是麝香囊内腺体细胞的分泌物，成分含麝香酮、含氮化合物、胆甾醇和脂肪酸等，具有浓郁香气，对神经系统有兴奋作用。麝香属于雄性外激素产物，具有化学通信作用。

四川的雄性林麝的泌香时间一般在每年的 6 月 16 日至 25 日，雄麝的体重越大，泌香时间就越早。研究人员还在马麝中观察到，马麝的胆量与泌香量有关。在非交配季节，胆量大的雄马麝，其泌香量趋于减少。

据报道，在 20 世纪 50 年代，我国野生麝的数量为 200 万~ 300 万头，麝香的年收购量约为 1 500 千克。至 20 世纪 80 年代末，野生麝的数量不足 60 万头，麝香收购量却增加到 2 700 千克左右，其中 1985 年的麝香收购量高达 3 700 千克。到了 21 世纪初，我国野生麝的数量仅为 5 万～ 10 万头。野生麝资源急剧下降的主要原因之一，就是人类对麝香的无节制获取。

消失的白鱀豚，

消失的"长江女神"

　　白鱀豚属于鲸偶蹄目白鱀豚科白鱀豚属，是我国长江流域的特有种，在长江已经生存了 2 000 万年之久，被誉为"长江女神"。白鱀豚的身体背面呈浅蓝灰色，腹面呈白色，看起来全身似乳白色，所以得名白鱀豚。

　　白鱀豚是我国特有的珍稀水生哺乳动物，也是世界上现存的 4 种淡水豚类中的一种。白鱀豚外形似鱼，体长为 2~2.5 米，体重可达 230 千克，流线型的体形很适合在水中快速游泳。白鱀豚头部具狭长的吻，头部背面有呼吸孔，眼睛不发达，身体前部有一对鳍状肢。

　　白鱀豚约有 130 颗牙齿，都属于犬齿，上下齿相互嵌合得很紧密，但这种牙齿结构决定了它们只能咬住食物，而没有咀嚼能力，所以白鱀豚的取食方式是囫囵吞枣。好在白鱀豚具有较长的消化道（消化道长度约为体长的 15 倍），有利于消化食物和吸收营养。

　　白鱀豚的祖先从陆生演化为水生后，后肢退化，前肢变成了能划水的鳍状肢。鳍状肢可控制动作，也能保持身体平衡。白鱀豚具有水平状的尾鳍。由于它们用肺呼吸，需要经常浮到水面换气，同时也需要急速潜入水中进行觅食，因而水平状的尾鳍有利

● 白鱀豚　　　　　　　白鱀豚是我国长江流域的特有种，有"长江女神"的美誉，曾在我国有广泛分布，2007年被宣布功能性灭绝。

于其快速上下运动。白鱀豚还具备"一半大脑睡眠,另一半大脑清醒"的特殊睡眠方式。它们睡觉时会安排两个半球的大脑轮流进入睡眠状态,即当一半大脑睡觉时,另一半大脑还处在清醒状态,隔一段时间后两个大脑半球再互换状态,从而实现交替睡眠。白鱀豚具有很厚的皮下脂肪层,用以保持体温。

白鱀豚的生殖系统在基本结构上类似其他鲸类的生殖系统。雌性白鱀豚的子宫为不对称的双角子宫,一般左侧子宫角较发达。雄性白鱀豚的生殖系统完全隐藏在体内。据学者推测,雌性白鱀豚在6龄左右达到性成熟,而雄性白鱀豚可能在4龄左右达到性成熟。白鱀豚每两年繁殖一次,孕期长达10~11个月,每胎产一崽。

白鱀豚具有发达的回声定位能力,可以进行精准捕食。以前,国际鲸类学界曾认为淡水豚不能发出哨叫声。后来,科学家发现白鱀豚能发出两类声音信号:一类是高频脉冲信号,似滴答声,峰值频率为20~120千赫;另一类是低频连续信号,似哨叫声,主频率在6千赫左右。高频脉冲信号主要用于探测生存环境和捕捉食物等,低频连续信号则主要用于个体间的通信和情感表达。

白鱀豚曾在我国有广泛的分布。据我国学者调查,1940—1970年白鱀豚的分布区为上达宜昌、下至长江口的整个长江中下游干流及与之相连的洞庭湖和鄱阳湖,钱塘江上游也有分布。我国科学家先后进行了50余次白鱀豚生态学考察,结果显示:在20世纪90年代初,长江中的白鱀豚数量已不足100头;至20世纪90年代末,数量降至13头左右;2006年考察时没有发现任何个体。2007年,白鱀豚被宣布功能性灭绝。

自1980年开始,中国科学院水生生物研究所开始养殖白鱀豚,但只有两头成活时间超过1年。著名的雄性白鱀豚"淇淇"在人工环境中生活了近 23 年，这也是国际上在人工环境中生活时间最长的淡水鲸类动物。

20 世纪 90 年代以来，我国在白鳘豚的重要分布水域设立了保护区，但还是没有改变白鳘豚趋于灭绝的命运。虽然原因很多，但白鳘豚的灭绝主要是人类活动导致的。例如：人类的过度捕捞造成鱼类数量下降，导致白鳘豚因食物匮乏而死亡；人类捕捞作业误伤造成白鳘豚死亡的数量可达白鳘豚死亡总数量的一半；船舶的噪声污染干扰了白鳘豚的声呐系统，严重影响了它们的生活；水体污染导致白鳘豚体内有害物增多，极大危害了白鳘豚的健康和生殖能力。

图片说明：

本书所有图片均由人工智能（AI）生成。

主要参考资料

1．Libourel P-A, Lee W Y, Achin I, *et al*. Nesting chinstrap penguins accrue large quantities of sleep through seconds-long microsleeps[J]. *Science*, 2023, 382(6674): 1026-1031.

2．Zhou T T, Zhu H, Fan Z X, *et al*. History of winning remodels thalamo-PFC circuit to reinforce social dominance[J]. *Science*, 2017, 357(6347): 162-168.

3．Gu Z R, Pan S K, Lin Z Z, *et al*. Climate-driven flyway changes and memory-based long-distance migration[J]. *Nature*, 2021, 591: 259-264.

4．Richard A H, Kasper T, Maarten J V, *et al*. Bat orientation using Earth's magnetic field[J]. *Nature*, 2006, 444: 702.

5．Benediktovák, Adámková J, Svoboda J, *et al*. Magnetic alignment enhances homing efficiency of hunting dogs[J]. *eLife*, 2020, 9:e55080.

6．Zhang X Y, Sukhchuluun G, Bo T B, *et al*. Huddling remodels gut microbiota to reduce energy requirements in a small mammal species during cold exposure[J]. *Microbiome*, 2018, 6: 103.

7．Bo T B, Zhang X Y, Wen J, *et al*. The microbiota–gut–brain interaction in regulating host metabolic adaptation to cold in male Brandt's voles (*Lasiopodomys brandtii*)[J]. *ISME J*,

2019, 13: 3037-3053.

8．Speakman J R, Chi Q S, Ołdakowski L, *et al*. Surviving winter on the Qinghai-Tibetan Plateau: Pikas suppress energy demands and exploit yak feces to survive winter[J]. *PNAS*, 2021, 118(30): e2100707118.

9．单文娟．新疆兔属物种的群体遗传学及系统发育关系 [D]. 乌鲁木齐：新疆大学, 2011.

10．Wang S T, Teng D Q, Li X Y, *et al*. The evolution and diversification of oakleaf butterflies[J]. *Cell*, 2022, 185(17): 3138-3152.

11．Tang C Y, Zhang X, Xu X, *et al*. Genetic mapping and molecular mechanism behind color variation in the Asian vine snake[J]. *Genome Biology*, 2023, 24: 46.

12．Chen J N, Zou Y Q, Sun Y H, *et al*. Problem-solving males become more attractive to female budgerigars[J]. *Science*, 2019, 363(6423): 166-167.

13．Forstmeier W, Wang D P, Martin K, *et al*. Fitness costs of female choosiness are low in a socially monogamous songbird[J]. *PLoS Biology*, 2021, 19(11): e3001257.

14．Chen Z Q, Corlett R T, Jiao X G, *et al*. Prolonged milk provisioning in a jumping spider[J]. *Science*, 2018, 362(6418): 1052-1055.

15．Mailho-Fontana P L, Antoniazzi M M, Coelho G R, *et al*. Milk provisioning in oviparous caecilian amphibians[J]. *Science*, 2024, 383(6687): 1092-1095.

16．Wegner N C, Snodgrass O E, Dewar H, *et al*. Whole-body endothermy in a mesopelagic fish, the opah, *Lampris guttatus*[J].

Science, 2015, 348(6236): 786-789.

17．Lázaro J, Dechmann D K N, LaPoint S, *et al.* Profound reversible seasonal changes of individual skull size in a mammal[J]. *Current Biology*, 2017, 27(20), R1106-R1107.

18．Lázaro J, Hertel M, Muturi M, *et al.* Seasonal reversible size changes in the braincase and mass of common shrews are flexibly modified by environmental conditions[J]. *Scientific Reports*, 2019, 9(1): 2489.

19．Ray S, Li M, Koch S P, *et al.* Seasonal plasticity in the adult somatosensory cortex[J]. *PNAS*, 2020, 117(50): 32136-32144.

20．Shen J X, Feng A, Xu Z M, *et al.* Ultrasonic frogs show hyperacute phonotaxis to female courtship calls[J]. *Nature*, 2008, 453, 914–916.

21．Nie Y G, Wei F W, Zhou W L, *et al.* Giant pandas are macronutritional carnivores[J]. *Current Biology*, 2019, 29(10): 1677-1682.

图书在版编目（CIP）数据

散装动物学：你不知道的奇妙冷知识 / 王德华著.
上海：上海科学技术出版社，2025. 1. --（《科学画报》
奇趣自然丛书）. -- ISBN 978-7-5478-7008-2

Ⅰ. Q95-49

中国国家版本馆CIP数据核字第2024AH8445号

散装动物学：你不知道的奇妙冷知识

王德华　著

上海世纪出版(集团)有限公司　出版、发行
上海科学技术出版社
（上海市闵行区号景路 159 弄 A 座 9F–10F）
邮政编码 201101　www.sstp.cn
江阴金马印刷有限公司印刷
开本 890×1240　1/32　印张 5
字数：110 千字
2025 年 1 月第 1 版　　2025 年 1 月第 1 次印刷
ISBN 978-7-5478-7008-2/Q·91
定价：58.00 元

本书如有缺页、错装或坏损等严重质量问题，请向工厂联系调换